이인식의
멋진과학
1

고즈윈은 좋은책을 읽는 독자를 섬깁니다.
당신을 닮은 좋은책—고즈윈

이인식의 멋진과학 1
이인식 지음

1판 1쇄 인쇄 | 2011. 7. 8.
1판 1쇄 발행 | 2011. 7. 15.

저작권자 ⓒ 2011 이인식
이 책의 저작권자는 위와 같습니다. 저작권자의 동의 없이
내용의 일부를 인용하거나 발췌하는 것을 금합니다.
Copyright ⓒ 2011 by Lee In-Sik
All rights reserved including the rights of reproduction
in whole or in part in any form. Printed in KOREA.

일러스트 저작권자 ⓒ 조선일보
인터뷰 ⓒ 조선일보 2011년 5월 14일 자「박사도 석사도 아니지만
새로운 걸 쉽게 알려 주고 싶었을 뿐」

발행처 | 고즈윈
발행인 | 고세규
신고번호 | 제313-2004-00095호
신고일자 | 2004. 4. 21.
(121-896) 서울특별시 마포구 동교로13길 34(서교동 474-13)
전화 02)325-5676 팩시밀리 02)333-5980

값은 표지에 있습니다.
ISBN 978-89-92975-54-4 04500
ISBN 978-89-92975-56-8 (전 2권)

고즈윈은 항상 책을 읽는 독자의 기쁨을 생각합니다.
고즈윈은 좋은책이 독자에게 행복을 전한다고 믿습니다.

당신이 찾던 첨단 지식교양 200가지

이인식의 멋진 과학 1

고즈윈
God'sWin

책을 내면서 드리는 말씀
4년 동안 고맙고 행복했습니다

　이 책은 「조선일보」에 4년 1개월 동안 연재한 칼럼 「이인식의 멋진 과학」을 모아 놓은 것입니다. 이 칼럼은 토요일에 발행되는 why?에 2007년 3월 31일 자 창간호부터 2011년 4월 30일 자까지 199회 연재되었습니다.
　이 칼럼을 쓰면서 why? 창간 당시 데스크의 주문 사항을 항상 염두에 두었습니다. 주말에 휴식을 취하는 독자들에게 재미와 함께 교양을 제공하기 위해 해외의 최신 과학 정보를 신속히 소개해 달라는 것이었습니다. 과학기술을 매개로 하여 정치, 경제, 사회, 문화, 학술, 종교, 섹슈얼리티, 환경이 융합된 내용을 주로 다룬 것도 그 때문입니다. why? 독자 여러분은 아마도 이 칼럼을 통해 과학기술이 교과서에 갇혀 있는 딱딱한 이론이 아니라 우리의 삶에 도움을 주는 생활필수품 같은 존재라는 사실을 확인할 수 있었을 줄로 여겨집니다.

이 칼럼에 등장하는 인물들은 대부분 세계 지식의 최전선에서 맹활약하는 학자들로서 미래 지식 융합 사회를 이끌어 갈 주역이 될 것으로 보입니다. 이 책을 읽는 우리나라 청소년들도 그들처럼 새로운 연구 주제에 도전해서 세계적인 학자가 되기를 바라는 마음 간절합니다.

「이인식의 멋진과학」은 why? 2면에 10매(200자 원고지)로 게재되었으나 나중에 지면이 줄어들면서 7.5매로 바뀌었습니다. 제한된 지면에 정보와 재미를 함께 담기 위해 49개월 동안 연필로 원고지 한 칸 한 칸을 채우고 다시 지우개로 고치는 작업을 되풀이하면서 한 순간도 긴장을 늦춘 적이 없습니다. 왜냐하면 why? 독자들의 반응이 예상외로 우호적이었기 때문입니다. 나를 만나는 거의 모든 분들이 칼럼에 대해 따뜻한 관심을 표명했으니까요. 심지어 같은 동네에 사는 어머님들조차 격려를 아끼지 않을 정도였습니다. 신문에 450편, 잡지에 150편 등 600편 이상의 고정 칼럼을 발표했지만 과학기술과 멀어져 보이는 독자들로부터 이처럼 과분한 반응을 받아 보기는 난생 처음이었습니다.

「조선일보」에 「이인식의 멋진과학」을 연재하는 동안 네 분의 데스크(기획취재부장)로부터 도움을 받았습니다. 창간 데스크인 최보식 선임기자를 비롯해서 문갑식 선임기자, 박은주 문화부장, 이한우 기획취재부장의 배려가 없었더라면 이 칼럼이 4년 넘게 연재될 수 있었을 리 만무합니다. 더욱이 세 분은 아직도 한 번도 만난 적이 없는 사이이고 보면 이 칼럼에 보내 준 전폭적인 신뢰가 그렇게 고마울 수 없습니다.

199개의 칼럼을 발표하면서 49개월 동안 why? 애독자들과 편집진의 성원으로 얼마나 행복했는지 모른답니다. 「이인식의 멋진과학」을 사랑해 주신 모든 분들께 이 자리를 빌려 다시 한 번 고개 숙여 감사의 말씀을 드립니다.

멋진 일러스트 199개로 칼럼의 가독성을 한껏 끌어올린 김도원 화백께 감사의 말씀을 드립니다. 이번에도 어김없이 멋진 편집 솜씨를 발휘한 고즈윈의 고세규 대표와 김현지 대리에게 감사의 뜻을 전합니다.

끝으로 나의 저술 활동을 무조건 성원하는 아내 안젤라, 큰아들 원과 며느리 재희, 둘째 진에게 고맙고 사랑한다는 말을 몇 번이고 해 주고 싶습니다.

2011년 7월 2일
서울 역삼 아이파크에서
이인식 李仁植

「조선일보」 why? 인터뷰
미래를 창도하는 지식 융합의 기수

운전면허도 없고, 휴대전화도 쓰지 않으며, 글은 꼭 원고지에 펜으로 눌러서 쓴다. 고리타분한 '옛사람'이 떠오르는 요소들이지만, 국내에서 가장 '잘나가는' 과학 칼럼니스트인 이인식(66) 씨의 모습이다. 박사 학위는커녕 석사 학위도 없는 이 씨이지만, 주요 일간지와 대학에서 그를 모셔 가려고 난리이다. 이 씨는 본지에 4년 1개월간 연재했던 「이인식의 멋진과학」을 지난달 30일 자로 끝냈다.

이 씨는 독특한 이력을 가진 과학 칼럼니스트이다. 서울대 전자공학과를 졸업한 후 이 씨는 국내 굴지의 전자회사에 입사했다. 누구보다 일찍 상무 자리를 꿰찼지만, 무언가 허전함을 느낀 이 씨는 안정적인 직장에 사표를 던졌다. "비서에 운전사까지, 일찍 성공했죠. 그런데 나만의 삶, 창조적인 삶을 찾고 싶었습니다." 이 씨는 지금도 후회를 하지 않는다며 미소 지었다.

이 씨는 퇴사 후 과학 칼럼니스트로 방향을 잡았다. 그 전까지 과학을 대중적으로 소개하는 칼럼니스트가 없어, 자연스레 이 씨는 과학 칼럼니스트의 선구자가 됐다. 학위 없이 과학을 소개하는 그에 대해 일부 대학교수들의 비판도 적지 않았다. 이 씨는 "교수들이 두고두고 써먹으려 하는 정보를 최대한 일찍 소개했기 때문"이라며 "폄훼하는 사람들의 의견에 대해 전혀 개의치 않는다."고 했다. 이 씨는 지금껏 30여 권의 책을 쓰고, 주요 일간지와 잡지에 600편이 넘는 칼럼을 기고했다.

매일 새벽 4시에 잠자리에서 일어나는 이 씨는 신문을 읽고, 인터넷으로 해외 과학 관련 사이트를 빠짐없이 훑는다. 이 씨는 "하루에 8시간 이상을 책을 읽고 원고를 쓴다."고 했다. 이 씨는 과학 칼럼니스트가 된 가장 큰 이유가 "새로운 걸 쉽게 사람들에게 알려 주고 싶었기 때문"이라며 "1차 독자인 부인의 소감을 글에 반영한다."고 했다. 서울대 김광웅 명예교수는 그에 대해 "미래를 창도(唱導)하는 전문가이자 융합 학문의 기수라고 해도 과언이 아니다."라고 평했다.

이 씨는 지난 1일 그간 운영해 왔던 '과학문화연구소'의 명칭을 '지식융합연구소'로 바꿨다. "과학은 인생사를 다 커버하기 때문에 과학으로 세상을 읽는 게 참으로 중요하단 걸 사람들이 알아줬으면 좋겠습니다. 과학으로 세상을 해석하는 길에 지식 융합자로서 앞으로도 계속 일조할 생각입니다." (2011년 5월 14일)

차 례

이인식의 멋진과학 1권

책을 내면서 드리는 말씀_
4년 동안 고맙고 행복했습니다 4
인터뷰_ 미래를 창도하는 지식 융합의 기수 7

001 … 모래시계 몸매를 왜 좋아할까? 19
002 … 정의로운 마음 23
003 … 아빠도 젖 줄 수 있다 27
004 … 빙하기가 또 온다고? 31
005 … 인간의 폭력적인 뇌 35
006 … 처녀들은 왜 봄을 탈까 39
007 … 우두머리의 자존심 43
008 … 콘돔을 손수건처럼 챙겨라 47
009 … 천재는 '머리'보다 '땀'이다 51
010 … 창조론 기세등등하다 55
011 … 사이버 전쟁의 가공할 위력 59
012 … 사람 잡는 텔레비전 폭력물 63
013 … 침팬지에게도 '인권'을 67
014 … 생물학의 빅뱅 71
015 … 10대 뇌는 존재하는가 75
016 … 모든 인류가 사라진다면 79

017 … 호주 원주민 어린이의 눈물	83
018 … 누가 대통령을 쏘았는가	87
019 … 동물도 느낄 줄 안다	91
020 … 비만은 사회적 전염병	95
021 … 완벽한 남자 고르는 법	99
022 … 나노물질이 수상하다	103
023 … 집단 속의 또 다른 나	107
024 … 자선은 공작새의 꼬리일까	111
025 … '몸을 떠난 나' 유체 이탈	115
026 … 종교는 왜 존재하는가	119
027 … 강박신경증 환자 적지 않다	123
028 … 생태계 서비스 전략	127
029 … 로봇 자동차가 달려온다	131
030 … 우생학의 망령	135
031 … 죽음 너머의 세계	139
032 … 첫인상이 선거 당락 좌우	143
033 … 출생 순서가 운명을 결정?	147
034 … 밑지는 건 참을 수 없다	151
035 … 믿고 싶은 것만 믿는 유권자	155
036 … 창의적인 리더십	159
037 … 신비체험의 수수께끼	163
038 … 쿼콜로지로 보는 세상	167
039 … 테러리스트는 누구인가	171
040 … 출생 시기가 운명 좌우한다	175
041 … 지구를 식히는 방법	179
042 … 몸으로 정보 교환한다	183
043 … 남자도 수다스럽다	187
044 … 뇌 안의 거울	191
045 … 키스는 과학이다	195
046 … 죽음의 공포에 맞선다	199
047 … 트롤리 문제에 담긴 뜻	203

048 … 머리에 좋은 음식	207
049 … 흑인과 원숭이	211
050 … 사랑은 거짓말 게임이다	215
051 … 성격의 5가지 특성	219
052 … 사이코패스를 알아보는 법	223
053 … 영어도 라틴어처럼 분화될까	227
054 … 행복은 어떻게 오는가	231
055 … 10대 범죄자들	235
056 … 아들 낳는 비결?	239
057 … 복제동물 식품은 안전한가	243
058 … 특별한 기억력 보유자	247
059 … 새들은 소음과 생존 전쟁 중이다	251
060 … 옥시토신의 쓰임새	255
061 … 싼샤 댐, 약인가 독인가	259
062 … 정치 성향은 타고난다	263
063 … 게이는 태어난다	267
064 … 틈만 나면 거울 보는 신체 기형 장애	270
065 … 창의적 능력을 키우는 네 가지 기술	273
066 … 대중의 놀라운 지혜	277
067 … 동물로 질병 치료한다	281
068 … 머리 좋아지는 음식	284
069 … 권태도 병이런가	288
070 … 포경수술, 약인가 독인가	291
071 … 소설이 사람을 성장시킨다	295
072 … 만지면 믿게 된다	299
073 … 잠재의식 속의 편견	302
074 … 육식 하면 지구 더워진다	306
075 … 내 것이면 무조건 최고	309
076 … 잘 놀라면 우파라고?	312
077 … 스토킹은 폭력이다	315
078 … 종교와 뇌의 관계를 밝혀라	319

079 ··· 가십도 쓸모 있다 322
080 ··· 뇌가 바뀌고 있다 325
081 ··· 좌파가 선거에서 승리하려면 328
082 ··· 유령은 왜 나타날까 331
083 ··· 2025년의 핵심 기술 334
084 ··· 생사가 달린 화장실 338
085 ··· 섹스에 대한 개인차 342
086 ··· 친구, 왜 중요할까 345
087 ··· 갈릴레이와 다윈의 해 348

찾아보기-인명　352
찾아보기-용어　356
찾아보기-문헌　358

이인식의 멋진과학 2권

088 ⋯ 미루며 사는 인생
089 ⋯ 진화론과 지식 융합
090 ⋯ 호모 퓨처리스
091 ⋯ 파킨슨 법칙은 맞다
092 ⋯ 약지 짧은 사람 주식 하면 쪽박?
093 ⋯ 군중을 조종하는 법
094 ⋯ 짝짓기 지능 지수
095 ⋯ 종교는 왜 생겼을까
096 ⋯ 뇌를 젊게 하는 방법
097 ⋯ 자살은 누가 하는가
098 ⋯ 동양과 서양의 사고방식 차이
099 ⋯ 거짓말은 영원하다
100 ⋯ 잘 노는 것도 중요하다
101 ⋯ 누가 섹스를 사는가
102 ⋯ 기도는 힘이 세다
103 ⋯ 대대로 가난한 사람들
104 ⋯ 불황의 진짜 원인
105 ⋯ 생태 위기와 종교
106 ⋯ 생식 기술의 그늘
107 ⋯ 친환경적 삶이란
108 ⋯ 식량 위기 해결책
109 ⋯ 2045년 특이점 통과한다
110 ⋯ 노시보 효과
111 ⋯ 당신이 키보드 치는 소리에 누군가 귀를 쫑긋한다
112 ⋯ 오바마 효과
113 ⋯ 경쟁적 이타주의
114 ⋯ 해외 떠돌면 창의력 높아진다
115 ⋯ 메데이아 가설
116 ⋯ 해수면 1미터 상승의 재앙
117 ⋯ 시위대를 현명하게 진압하는 전략
118 ⋯ 돈은 마약이다
119 ⋯ 심리적 거리 활용하면 창의성 좋아진다
120 ⋯ 왜 명품을 살까?
121 ⋯ 융합기술의 시대 온다

122 … 뇌의 암흑물질을 찾아서
123 … 마음속의 보름달
124 … 창조 경제의 주역, 영재 기업인
125 … 성장 동력의 연료는 과학기술
126 … 소행성 충돌을 모면하려면
127 … 착하게 태어난다는 것
128 … 100살까지 살려면……
129 … 행동은 감염된다
130 … 마음을 읽는다
131 … 명상을 만들어 낸다
132 … 지력과학과 사이비 과학
133 … 바보야, 문제는 IQ가 아니야
134 … 전 지구적 공유지의 비극
135 … 이기적이면서 이타적인
136 … 생명에 대한 두 가지 도전
137 … 사랑도 네트워크가 필요하다
138 … 은 나노에 빨간불 켜졌다
139 … 성교육 빠를수록 좋다
140 … 행복한 부부들은 즐거운 것만 기억한다
141 … 2025년 만물의 인터넷
142 … 사회성 곤충의 떼 지능
143 … 멸종 생물, 유전자로 되살린다
144 … 디지털 모택동주의
145 … 털 없는 원숭이
146 … 목격자의 치명적 실수
147 … 노인에 대한 오해
148 … 10대 인기 가요의 허실
149 … 초설득의 심리학
150 … 이승을 떠나는 마음
151 … 산업융합을 서두를 때
152 … 동물의 자살
153 … 남자가 아버지가 될 때
154 … 지구는 얼마나 병들었을까
155 … 자살의 심리학

156 ⋯ 고산 등반가의 뇌
157 ⋯ 누가 진실을 거부하는가
158 ⋯ 빨간 셔츠에 행운을
159 ⋯ 대형 참사에서 살아남는 법
160 ⋯ 전쟁은 끝났는가
161 ⋯ 아이디어가 섹스를 하면
162 ⋯ 살인 로봇이 몰려온다
163 ⋯ 개는 윤리적 동물인가
164 ⋯ 전문가를 의심하세요
165 ⋯ 기부 많이 하는 사람의 마음
166 ⋯ 집단지능의 두 얼굴
167 ⋯ 생물다양성의 파괴
168 ⋯ 로봇 의사, 몸으로 들어간다
169 ⋯ 과학자의 끊임없는 부정행위
170 ⋯ 고향을 꿈꾸는 자에게 행운이
171 ⋯ 가난한 여자가 일찍 엄마가 되는 이유는
172 ⋯ 돈으로 삶을 윤택하게 하려면
173 ⋯ 사람이 죽어서 먼지로 돌아가기까지
174 ⋯ 사장님 호르몬 따로 있을까
175 ⋯ 바람둥이의 부적은 기도
176 ⋯ 사이코패스 치료는 가능한가
177 ⋯ 승자는 포르노를 즐긴다
178 ⋯ 윤리적인 로봇
179 ⋯ 짝퉁은 소비자 마음 타락시킨다
180 ⋯ 마음이 혹하면 뇌는 오판한다
181 ⋯ 남의 불행이 곧 나의 행복
182 ⋯ 인간이 미래를 볼 수 있을까
183 ⋯ 긍정적 정서의 힘
184 ⋯ 불로장생으로 가는 세 개의 다리
185 ⋯ 뇌지도 완성할 수 있을까
186 ⋯ 외계 문명이 보내는 메시지
187 ⋯ 용기 유전자는 존재하는가
188 ⋯ 명상은 의사결정 속도 높인다
189 ⋯ 머리가 좋아지는 음식물

190 … 게놈 지도 10년의 허와 실
191 … 누구나 흡혈귀가 될 수 있다
192 … 애착 이론과 로맨스
193 … 슬픔을 이겨 내는 힘, 레실리언스
194 … 몸으로도 생각한다
195 … 이야기는 힘이 세다
196 … 위기 상황에서 똘똘 뭉친다
197 … 물 한 모금의 효과
198 … 지진 조기 경보 시스템
199 … 생각으로 비행기 조종한다
200 … 좋은 부모가 되려면

찾아보기-인명
찾아보기-용어
찾아보기-문헌
지은이의 주요 저술 활동

이인식의
멋진과학

001-087

이인식의 멋진과학 001

모래시계 몸매를 왜 좋아할까?

2,000년 동안 사내들은 줄곧 날씬한 허리를 가진 여인을 선호한 것으로 확인되었다는 논문이 얼마 전 『영국학술원 회보 Proceedings of Royal Society』에 게재되었다. 이 논문의 필자는 인도 출신의 미국 사람인 데벤드라 싱이다. 그는 여자 몸매의 아름다움을 상징하는 수치인 허리/엉덩이의 비율(WHR), 곧 엉덩이 치수에 대한 허리 치수의 비율을 연구하여 유명해진 진화심리학자이다.

2002년 8월 13~43세의 서울 여성 200명을 대상으로 실시한 조사에서 응답자의 72퍼센트가 얼굴이 예쁜 여자보다 몸매가 좋은 여자가 더 부럽다고 밝혔다. 현대 여성들이 모래시계처럼 생긴 몸매를 갈망하는 것은 지극히 당연한 현상으로 받아들여진다. 따라서 여자

들은 아름다운 몸매를 가꾸기 위해 필사적으로 몸무게를 줄여 왔다. 예컨대 1980년대 미스 아메리카는 1940년대 미인보다 두 배가량 가냘플 정도로 말라깽이이다. 이러한 추세로 체중이 줄면 몸매는 막대기 모양이 되지 않을까. 그러나 결코 그런 일은 생기지 않는다는 것이 싱의 연구 결과이다. 싱은 미인들의 허리/엉덩이 비율이 항상 일정한 범위 안에 들어 있다는 사실을 밝혀낸 것이다.

싱에 따르면 미스 아메리카나 『플레이보이』 잡지에 나체로 등장하는 미녀들은 몸무게가 갈수록 줄어들고 있지만 허리/엉덩이 비율은 예나 지금이나 0.68~0.72의 범위를 벗어나지 않는다. 1950년대를 풍미한 영화배우인 마릴린 몬로와 오드리 햅번의 몸매를 비교해 보면 싱의 주장이 더욱 설득력을 갖는다. 몬로는 육체파의 원조(36-24-

34)인 반면 햅번은 청순미의 상징(31.5-22-31)이지만 허리/엉덩이 비율은 똑같이 0.7이기 때문이다. 오늘날 미국의 슈퍼모델 역시 평균 신체 크기는 33-23-33으로 허리/엉덩이 비율은 0.7이다. 0.7은 모래시계처럼 생긴 가장 여성스러운 몸매이다. 폐경 이전의 생식능력을 가진 여자는 0.67~0.80, 건강한 남자는 0.85~0.95이다.

싱은 18개 문화권에서 여자 몸매에 대한 남성들의 취향을 조사하고 남성이 가장 성적 매력을 느끼는 요인은 유방 크기보다는 허리/엉덩이 비율임을 밝혀냈다. 또 미인들의 허리/엉덩이 비율이 변하지 않는 까닭은 남자들이 큰 엉덩이에 잘록한 허리의 여체를 본능적으로 선호하기 때문이라고 주장했다. 싱은 이러한 취향이 환경보다는 본능의 산물임을 입증하기 위해 여러 가지 모양과 크기의 여체 그림을 동서양 사람들에게 각각 제시하여 반응을 조사했다.

먼저 미국 남녀를 대상으로 실시한 조사에서 매력 있는 여체로 가장 많은 점수를 받은 그림은 물론 허리/엉덩이 비율이 낮은 쪽이었다. 미국에 유학생으로 갓 도착한 인도네시아 남녀에 대한 조사에서도 같은 결과가 나왔다. 회교의 엄격한 율법하에서 여자의 알몸이 등장하는 잡지나 영화를 본 적이 별로 없었을 그들이지만 미국 사람과 다른 반응을 나타내지 않은 것이다.

싱은 1990년대 초에 발표한 자신의 이론을 더욱 보강하기 위해 영국, 중국, 인도의 옛 문헌을 뒤적여 미인들의 허리에 관한 자료를 분석했다. 가령 인도 최고의 양대 서사시인 「마하바라타Mahabharata」와 「라마야나Ramayana」에 등장하는 젊은 미녀들은 한결같이 개미허리를 가진 것으로 묘사되었다. 싱은 남자들이 동서고금을 통해 허리/엉덩이 비율이 0.6~0.7인 여자를 좋아했다는 결론을 얻고 『영국학술원 회보』에 논문을 발표하게 된 것이다.

영국의 생물학자인 존 매닝은 생식능력의 측면에서 허리/엉덩이 비율은 진화의 산물이라고 주장한다. 허리/엉덩이 비율이 낮을수록 생식능력이 우수하기 때문이다. 허리가 잘록한 여자는 여성호르몬인 에스트로겐이 많이 분비되어 임신 가능성이 높다. 또한 엉덩이가 넓으면 아기가 나오는 통로가 협소하지 않아 분만에 유리할 수밖에 없다. 요컨대 여자의 개미허리는 다산의 가능성과 신체의 건강함을 나타내기 때문에 남성들이 선호하게 되어 진화되었다는 것이다. 코르셋, 엉덩이를 조이는 거들, 하이힐 등등 여성의 패션도 허리에 초점을 맞추는 쪽으로 발전해 왔다. (2007년 3월 31일)

이인식의 멋진과학 002

정의로운 마음

플라톤은 대표작인 『국가』에서 이상국가를 세우는 문제를 논의하면서, 정의로운 국가에 지혜, 용기, 절제가 있는 것처럼 정의로운 개인의 혼 속에는 이성, 격정, 욕구의 세 부분이 있다고 주장했다. 이러한 세 부분이 서로 화목하고 조화를 이룰 때 올바른 사람이 된다는 것이다. 그러면 뇌의 어느 부위에서 정의로운 마음이 솟아나는 걸까.

우리가 일상생활에서 겪는 수많은 상황은 이기적 행동과 페어플레이(공명정대한 행동) 사이에서 선택을 요구한다. 인간은 호모 에코노미쿠스(경제적 동물)이므로 자신의 이익을 극대화하는 방향으로 의사결정을 하게 마련이다.

그러나 우리 사회에는 자신을 희생하여 남을 돕는 사람들이 적지 않다. 이러한 이타적 행동은 생존경쟁과 적자생존을 전제하는 진화론에서 볼 때 모순이 아닐 수 없다. 따라서 이기적 개체로부터 이타적 행동이 출현하는 이유를 밝히려는 이론이 다양하게 제시되었다.

생물의 이타적 행동을 가장 설득력 있게 설명한 것으로는 상호 이타주의 이론이 꼽힌다. 상호 이타주의의 기본은 '네가 나의 등을 긁어 주면 내가 너의 등을 긁어 준다.'는 식의 호혜적(互惠的) 행동이다. 거래, 계약, 교환, 분업, 양보, 신뢰, 빚, 의무, 우정, 선물, 은혜 등등. 우리가 살아가며 무수히 듣는 이 낱말들 속에는 호혜주의 정신이 깃들어 있다. 인간은 상호 이타주의에 익숙한 존재인 것이다. 그렇다. 우리는 타고난 장사꾼이다.

그러나 우리 주변에는 이런 호혜주의로만 설명하기 어려운 이타적 행동이 수두룩하다. 텔레비전에 병든 아이들의 딱한 사정이 소개되면 성금을 내는 통화량이 급증한다. 지하철 입구에서 헌혈하는 젊은이들을 자주 볼 수 있다.

생물학자들이 이러한 행동을 설명하지 못함에 따라 실험경제학자들이 나섰다. 그들은 최종 제안 게임(ultimatum game)을 고안했다. 이 게임은 서로 만난 적이 없는 두 사람을 격리시켜 놓고 시작된다. 먼저 갑에게 가령 100만 원을 주고 생면부지인 을에게 일부를 나눠 주도록 요구한다. 을은 갑이 제안하는 액수가 만족스러우면 수락하고, 그렇지 않으면 거부할 수 있다. 그러나 을이 갑의 제안을 거절할 경우 갑과 을 모두 한 푼도 챙길 수 없다. 당신이 갑이라면 어떻게 할 것인가?

　가능하다면 90만 원을 갖고 10만 원만 을에게 주고 싶을지 모른다. 그러나 을이 10만 원이 너무 적다고 거절하면 당신은 90만 원은커녕 단 1원도 챙길 수 없다. 한편 을의 입장에서도 갑의 제안을 거절하면 단 한 푼도 건질 수 없다. 따라서 갑은 자신의 몫을 최대한 늘리면서 거래를 성사시키는 묘안을 궁리하지 않으면 안 된다.
　실험경제학자들은 갑이 을에게 제공한 몫이 22~58퍼센트임을 밝혀냈다. 간혹 50퍼센트 이상의 제안에 대해 거절한 경우도 있었다. 이러한 연구 결과를 통해 을이 갑의 제안을 수락 또는 거절하는 이유가 개인적 이해타산 때문만은 아니라는 결론을 얻었다. 왜냐하면 공평성(fairness)이 거래를 성사시키는 중요한 판단 기준인 것으로 밝혀졌기 때문이다.

사람들은 공평하게 행동하지 않는 이른바 불로소득자는 철저히 응징하지만, 페어플레이를 하는 상대에게는 기꺼이 자신의 것을 희생하는 성향을 타고났다는 뜻이다. 요컨대 인간은 이기적인 측면이 강함과 동시에 더불어 살 줄 아는 지혜를 가진 동물인 것이다.

과학자들은 의학 영상 기술을 이용하여 최종 제안 게임에 참여한 사람들의 뇌 안을 들여다보고 불공평한 제안을 받았을 때 활성화되는 부위를 찾아냈다. 대뇌의 앞부분인 전두엽이었다. 스위스 취리히 대학의 경제학자인 에른스트 페르 교수는 2006년 10월 『사이언스 Science』에 발표한 논문에서 두개골을 자극하는 실험을 통해 그 부위가 인간의 이기적 본능을 억제하는 것을 확인했다고 주장했다. 페르는 이 연구가 청소년 범죄 처벌에 참고가 되길 희망했다. 그 부위가 20~22세에 완전히 발달하기 때문에 16~18세의 미성년들은 아직 도덕적 판단 능력이 모자랄 수밖에 없다는 뜻이 담겨 있다. (2007년 4월 7일)

이인식의 멋진과학 003

아빠도 젖 줄 수 있다

남자의 가슴에 아무짝에도 쓸모없어 보이는 젖꼭지가 왜 달려 있을까.

지난 2월 영어권 작가들이 최고의 문학작품 1위로 뽑은 톨스토이의 『안나 카레니나』에는 영국 남자가 아기에게 젖을 물리는 장면이 잠깐 나온다. 최근 미국 월간 『사이언티픽 아메리칸Scientific American』 인터넷판은 톨스토이의 상상력이 꼭 터무니없는 것만은 아니라는 기사를 실었다.

생물학자들은 4,500종의 포유동물 중에 유즙(젖)을 분비하는 수컷이 있으리라고는 아무도 상상하지 못했다. 생리적인 구조가 암컷과 다르고 암컷만이 임신할 수 있기 때문에 수컷이 젖을 분비한다는 것

은 있을 수 없는 일이었다. 그런데 1994년 말레이시아에서 산 채로 붙잡힌 데이약(Dayak)이라는 큰 박쥐의 수컷 열 마리가 모두 젖으로 부풀어 오른 유선(젖샘)을 갖고 있는 것으로 밝혀졌다. 2002년 프랑스통신(AFP)은 스리랑카에서 38세 홀아비가 어린 두 딸을 젖을 먹여 키웠다고 보도했다. 그렇다면 정녕 남자도 여자처럼 젖을 분비할 수 있다는 말인가.

먼저 포유류 수컷이 생리적으로 유즙 분비의 조건을 갖추고 있는지 살펴볼 필요가 있다. 포유류 수컷은 모두 암컷처럼 유선을 갖고 있다. 영장류의 경우 사춘기 전까지 암컷과 수컷의 유선은 별로 차이가 나지 않지만, 사춘기를 지나면 호르몬의 영향으로 암수의 유선에 현저한 차이가 발생한다. 암컷이 임신을 하면 유방은 더욱 부풀어 오르고 유즙의 생산을 촉진하는 호르몬, 예컨대 에스트로겐, 프로게스테론, 프로락틴이 분비된다.

이러한 호르몬을 염소나 송아지에 주입하면 암컷뿐만 아니라 수컷들도 유방이 커지면서 젖을 생산하게 된다. 물론 수소가 암소보다 훨씬 적은 양의 우유를 내놓지만, 젖샘 조직이 발달하지 않은 점을 고려할 때 놀라운 일이 아닐 수 없다. 사람의 경우는 이러한 호르몬을 투입해 임신하지 않은 여자는 물론이고 사내들조차 유방이 발달하고 젖이 분비된 사례가 적지 않다. 에스트로겐으로 치료 중인 암 환자들에게 프로락틴을 주입했는데, 남녀 모두 젖을 분비한 것이다.

또한 젖꼭지를 단순히 기계적으로 자극해 유즙을 분비시킬 수 있다. 유두를 반복하여 자극하면 남녀 모두 프로락틴의 분비가 촉진되기 때문이다. 대부분의 양모(養母)들이 입양아를 가슴에 안고 3~4주 지내면 약간의 젖이 나오는 것도 같은 이치이다. 이러한 방법으로 71세 노파가 젖을 분비했다는 기록이 있다. 구약성서를 보면 룻의 시어머니인 나오미가 룻이 낳은 아기를 받아 품에 안고 자기 자식으로 길렀다는 대목이 나온다.

호르몬 분비에 이상이 생겨 남자의 유방이 커지고 가끔 젖이 흘러나온 사례도 있다. 2차 세계대전 뒤 풀려난 전쟁포로 중에서 수천 명이 그러한 현상을 나타냈는데, 일본군 포로수용소 한 곳의 생존자 가운데서 무려 500명이 젖을 찔끔찔끔 흘린 것으로 관찰되었다. 가장 그럴듯한 이유는 굶주림으로 호르몬을 생산하는 내분비 계통뿐만 아니라 호르몬을 파괴하는 간의 기능에 이상이 발생했기 때문인 것으로 추측된다.

 이러한 사례들은 남자들이 생리적으로 얼마든지 젖을 분비할 수 있는 능력을 갖고 있음을 보여 준다. 단지 남자들은 정상적인 조건에서 이러한 능력을 활용할 수 있게끔 진화되지 못했을 따름이다. 다시 말해서 남자들은 유즙 분비를 위한 하드웨어를 갖고 있음에도 불구하고 자연선택(natural selection)에 의해 그것을 사용하는 소프트웨어를 가질 수 없게 된 셈이다. 그렇다면 생물의 진화는 왜 수컷의 유즙 분비를 허용하지 않았을까.

 이 수수께끼에 대해 흥미로운 해답을 제시한 사람은 미국 생리학자인 재레드 다이아몬드 교수이다. 퓰리처상을 받은 그는 포유류의 90퍼센트가 암컷 혼자서 새끼를 돌보고 수컷은 교미 직후 다른 암컷으로 옮겨 가므로 젖을 먹여야 할 하등의 이유가 없어 수컷에게 유즙 분비 기능이 진화될 필요가 없었다고 설명했다. 『사이언티픽 아메리칸』 기사는 남자들이 극한 상황에서는 얼마든지 젖을 분비할 수 있다고 결론을 맺었다. (2007년 4월 14일)

이인식의 멋진과학 004

빙하기가 또 온다고?

　미국 외교 전문지 『포린 폴리시Foreign Policy』는 지난 50년간 대표적으로 빗나간 미래 예측 5가지 중의 하나로 지구 냉각화를 꼽았다.
　일부 과학자들이 빙하기의 도래를 예언했으나 지구 온도가 떨어지기는커녕 온난화로 환경 재앙을 걱정해야 하는 상황을 맞고 있기 때문이다.
　지구의 역사 46억 년 동안 여러 차례의 빙하기가 있었다. 22억 년 전에 엄청난 규모의 빙하기가 있었으며 그로부터 10억 년 정도 따뜻한 기후가 이어졌다. 그리고 8억~6억 년 전에 첫 번째 빙하기보다 규모가 더 큰 빙하기가 찾아왔다. 극저온기(Cryogenian)라 명명된 그 시기에 태양의 복사량은 오늘날보다 6퍼센트 적었으며, 이산화탄소

등 온실효과 기체의 양이 충분하지 못해 지구는 꽁꽁 얼어붙었다. 지구 전체가 두께 1킬로미터의 얼음으로 뒤덮이고, 기온은 섭씨 영하 50도로 떨어졌다. 이른바 '눈 덩어리 지구'(Snowball Earth)가 된 것이다.

지구가 눈 덩어리처럼 꽁꽁 얼어붙은 상태가 영속되었더라면 인류는 오늘날 존재하지 못했을 것이다. 지구가 여러 차례 눈 덩어리 상태가 되었지만 그때마다 다시 따뜻해질 수 있었던 까닭은 화산 폭발 때문인 것으로 추정된다. 지구가 완전히 얼어붙은 뒤 수천만 년이 지나서 화산이 폭발해 엄청난 양의 열과 함께 이산화탄소를 쏟아 내면서 온실효과가 발생해 얼음이 녹고 대기가 따뜻해진 것으로 보인다.

빙하기가 출현한 원인에 대해서는 여러 이론이 나와 있다. 가장 지지를 많이 받는 것은 1930년 유고슬라비아의 수학자인 밀루틴 밀란코비치가 발표한 빙하기 주기설이다. 그는 30년 동안 태양을 도는 지구의 공전궤도에 영향을 미치는 요인들에 대한 방정식을 연구한 끝에, 일정 시기에 지표면에 닿는 태양에너지가 크게 감소하기 때문에 빙하기가 주기적으로 도래한다고 주장했다. 과학자들은 밀란코비치의 이론으로는 빙하기가 반복되는 이유의 80퍼센트 정도 설명이 가능하다고 여긴다. 따라서 해마다 새로운 이론이 과학 저널의 머리기사를 장식하고 있다. 빙하기의 발생과 전개에 관련된 수수께끼를 완전히 풀 수 없을지 모른다고 생각하는 과학자들도 적지 않다.

오늘날 지구의 10퍼센트는 빙하에 덮여 있고 북극과 남극에는 만년설이 쌓여 있다. 어느 의미에서는 우리가 빙하기에 살고 있는 것이다. 이 빙하기는 3500만 년 전에 시작되었으며 그동안 10만 년에 한

번꼴로 빙하기가 나타났다. 이러한 빙하기는 물론 극저온기 때보다 훨씬 규모가 작은 것들이다. 마지막 빙하기는 1만 2,000년 전에 막을 내렸다. 요컨대 우리는 간빙기(間氷期)에 살고 있다. 빙하기 사이에 존재하는 비교적 따뜻한 기간을 간빙기라 한다.

  1979년 과학자들은 그린란드의 빙하에서 수천 년 동안 얼음 속에 갇혀 있던 이산화탄소를 찾아냈다. 지구가 다시 따뜻해지기 시작한 1만 2,000년 전의 이산화탄소 수치를 밝혀낸 것이다. 이 연구는 대기 중의 이산화탄소가 기온을 냉각시키는 요인으로도 작용할 수 있음을 보여 주었다.

  이런 맥락에서 오늘날 화석연료에서 방출되는 이산화탄소가 지구 온난화를 가속화시키고, 그 결과 빙하기가 다시 도래할 가능성이 없지 않다는 의견도 조심스럽게 제시되고 있다. 그들의 논리는 단순명료하다.

지구가 더워지면서 가령 그린란드의 얼음이 대규모로 녹기 시작하면 북극의 찬물이 북대서양으로 넘쳐흐른다. 찬물은 대기를 냉각시켜 북서 유럽의 기온을 떨어뜨린다. 지구온난화가 가속화되면 그린란드의 얼음이 더욱 많이 녹아 북서 유럽뿐만 아니라 다른 지역도 냉각시키게 된다. 지구온난화가 빙하기의 도래를 지연 또는 차단시킬 것으로 기대한 사람들에게는 충격적인 시나리오가 아닐 수 없다.

어쨌든 기후과학자들은 다음 빙하기의 출현 시기를 놓고 열띤 논쟁 중이다. 과학은 서로 다른 이론들이 경쟁하면서 발전을 거듭해 왔다. 이를 두고 『포린 폴리시』가 잘못된 미래 예측이라고 꼬집는다면 어쩔 수 없는 노릇이다. 하지만 빙하기 예측은 인류의 생존과 직결된 문제이므로 신중히 접근해야 한다는 사실을 강조하고 싶다. (2007년 4월 21일)

이인식의 멋진과학 005
인간의 폭력적인 뇌

    미국 버지니아 공대 총기 난사 사건은 정신질환 수준의 반사회적 성격장애자가 치밀한 계획을 세워 불특정 다수를 학살한 범죄로 드러났다.

    1999년 6월 폭력 방지를 위한 모금 운동을 펼치기 위해 「뉴욕 타임스」에 실린 광고에는 '폭력은 학습된 행동'이라는 표현이 나온다. 미국 사회의 폭력은 미국 문화의 특별한 환경에서 비롯된 병리 현상이라는 뜻이 담겨 있다. 환경 요인이 폭력을 일으킨다고 믿는 사회과학자들은 인간이 폭력적인 뇌(violent brain)를 가졌다고 생각하지 않는다.

    하지만 2000년 7월 미국 위스콘신대의 리처드 데이비드슨 교수는

『사이언스』에 폭력의 뿌리를 뇌 안에서 찾은 연구 결과를 발표했다. 뇌에서 공포나 분노 같은 부정적 감정을 조절하는 기능이 저하되면 공격성을 충동적으로 폭발시킬 소지가 높다는 이론을 내놓은 것이다.

사람의 뇌에는 파충류형 뇌, 변연계, 신피질 등 3개 부분이 연결되어 있다. 파충류형 뇌는 호흡과 같이 생존에 필요한 일상적 행동을 조정한다. 변연계는 정서 반응과 관련된 시상하부, 편도체, 해마, 뇌하수체 등으로 구성된다. 시상하부에서는 공포, 편도체에서는 분노가 발생한다. 신피질은 기억, 사고, 학습의 기능을 맡는다.

파충류형 뇌와 변연계가 동물적 본능을 나타내는 원시적 뇌라면, 뇌의 90퍼센트를 점유한 신피질은 원시적 뇌를 통제하여 인간의 이성을 드러내는 역할을 한다. 특히 변연계의 시상하부와 편도체를 정상적으로 억제하는 부위는 신피질의 앞부분인 전(前)전두엽 피질이다. 전전두엽 피질의 신경회로는 편도체에까지 이어져 있다. 대뇌(신피질)의 앞부분에 위치한 전두엽은 고등 정신과정에 관련되어 특정 행동에 대한 의사결정을 한다.

데이비드슨 교수는 정상적인 사람들에게 부정적 감정을 일으킨 뒤 편도체의 반응을 관찰한 결과, 전전두엽 피질에 부정적 감정을 억제하는 기능이 있음을 확인했다. 따라서 전전두엽 영역에 이상이 생겨 변연계와의 정보교환이 원활하지 못하면 감정반응을 조절하지 못해 폭력적 행동을 나타내게 된다. 전두엽 피질의 결함에서 폭력의 뿌리를 찾는 것을 '전뇌 가설'(frontal brain hypothesis)이라고 한다.

전뇌 가설은 여러 연구에 의해 지지를 받고 있다. 저명한 신경과학자인 안토니오 다마지오는 생후 3개월 만에 전두엽 피질의 종양 제거 수술을 받은 소년이 9살까지 학교생활에 적응하지 못해 외톨이가 되어 친구들을 거칠게 대했다는 연구 보고서를 내놓았다.

한편 2004년 1월, 30년간 범죄의 생물학적 근거를 연구한 심리학자인 애드리언 레인 박사는 사이코패스(psychopath), 즉 범행에 죄책감을 느끼지 않는 반사회적 성격장애자 23명을 대상으로 실시한 연구 결과를 발표했다.

그는 사이코패스들의 변연계, 특히 해마가 크게 손상되어 있음을 밝혀낸 것이다. 대뇌의 두 반구에서 해마의 크기가 달랐는데, 어릴 적에 비롯된 해마의 비대칭성으로 말미암아 해마와 편도체 사이의 정보교환에 차질이 생겼다. 결국 감정 정보가 정확하게 처리되지 못하기 때문에 사이코패스들이 눈썹 하나 까딱 않고 흉악 범죄를 저지르고, 참회나 양심의 가책으로 괴로워하지도 않는 것이라고 설명했다.

일부 사이코패스는 편도체 자체에 이상이 있어 반사회적 행동을 하는 것으로 밝혀졌다. 결론적으로 전두엽 피질에 결함이 있거나, 변연계 중에서 해마와 편도체의 기능에 문제가 생기면 폭력 범죄를 저지르게 된다.

뇌를 폭력적으로 만드는 또 다른 요인으로는 세로토닌의 상태를 꼽는다. 화학전달물질인 세로토닌의 농도가 낮아지면 공격적 행위를 한다.

폭력적인 뇌를 연구하는 과학자들은 폭력의 뿌리가 그 개인을 둘러싼 사회적 위험 요소, 이를테면 어린 시절의 학대, 부모의 불화나 이혼, 가난 따위와 관련되어 있음을 부인하지 않는다. 인간의 폭력 성향은 유전적 결함, 성장 환경, 뇌 손상이 서로 영향을 주고받으면서 복합적으로 형성된 마음의 병리 현상으로, 선천적 본성이자 학습된 행동인 것이다. (2007년 4월 28일)

이인식의 멋진과학 006

처녀들은 왜 봄을 탈까

여자는 봄을 탄다는 말이 있다. 최근 『사이언티픽 아메리칸』 인터넷판에는 이러한 속설에 과학적 근거가 있는지 전문가들의 견해가 소개되어 있다. 봄철에 얼굴이 붉어지거나 심장이 두근거리고, 몸이 나른해지며, 밤에 잠을 이룰 수 없어 고통스럽다는 사람들이 적지 않다. 이러한 증상은 봄 열병(spring fever)이라 한다. 봄 열병은 의학적으로 완전히 규명되지 않은, 질병 아닌 질병이다.

계절의 변화가 우리의 몸과 마음에 미치는 영향에 대해서는 많은 연구가 진행되고 있다. 몸 안의 생체시계를 통해 낮의 길이를 측정해서 계절의 변화를 감지하는 것으로 밝혀졌다.

생체시계는 전문 용어로 SCN(suprachiasmatic nucleus)이라 불린다.

SCN은 신경세포(뉴런)의 덩어리로 크기는 쌀 한 톨만 하다. SCN은 하루에 24시간 째깍거리는 시계이다.

포유동물은 시상하부 안에 생체시계를 갖고 있다. 시상하부는 뇌의 바닥 부분에 있는 납작한 포도 모양의 조직으로 성욕, 체온, 갈증, 공복에 영향을 미친다. 크기는 작지만 시각, 미각, 촉각 등 감각 정보를 처리할 뿐만 아니라 심장이나 내장 같은 기관으로부터 정보를 받아서 호르몬을 통제하는 역할을 한다.

시상하부의 신경회로는 눈의 망막으로 연결되어 있다. 광선이 눈꺼풀 사이로 망막에 스며들면 망막에 분포한 특수 세포들이 빛을 감지한 뒤 시상하부로 이어진 신경회로를 통해 SCN으로 빛에 관한 정보를 전달한다.

SCN은 이 정보를 송과선(松果腺)으로 보낸다. 완두콩 크기의 송과선은 대뇌의 바닥에 위치하며 멜라토닌의 분비를 조절한다. 멜라토닌은 빛의 상태에 따라 송과선에서 생성된 다음에 혈액 속으로 방출된다. 멜라토닌은 낮에는 생성되지 않고 어두울 때만 분비되므로 수면 호르몬이라 불린다. 겨울에는 여름보다 더 오랜 기간 멜라토닌이 생성된다. 겨울에 밤의 길이가 여름보다 훨씬 길기 때문이다. 봄이 되면 낮이 점점 길어지면서 멜라토닌의 분비량도 줄어든다.

멜라토닌이 밤에만 많이 분비되는 메커니즘임은 최근 국내 연구진에 의해 처음으로 밝혀졌다.(본지 4월 2일 자 보도) 포스텍 생명과학과의 김경태 교수와 김태돈 박사 연구 팀은 송과선에서 밤이 되면 멜라토닌 합성을 시작하게 하는 단백질을 세계 최초로 규명하여 국제 학술지에 연구 결과를 발표한 것으로 보도되었다. 이번 연구는 멜라토닌 분비 이상에 따른 불면증과 우울증을 치료하는 신약 개발에 활용될 것으로 전망된다.

멜라토닌은 낮의 길이에 따라 계절마다 분비되는 수준이 달라지기 때문에 수면, 성욕, 식욕, 사회 활동 등 심신 양면에 많은 영향을 주는 것으로 나타났다. 특히 계절적 정서장애(SAD)라 불리는 겨울 우울증이 멜라토닌과 직접적인 관계가 있는 것으로 여겨진다. 낮이 짧고 밤이 긴 겨울철에 많은 사람들이 정서장애를 일으킨다. 이들은 밤이 되면 우울해지고 생각이 뒤죽박죽된다. 성욕은 갑자기 떨어지고 식욕은 왕성해서 체중이 불어난다. 일찍 자고 늦게 일어나 세상만사에 시큰둥하다. 이러한 겨울 우울증은 짧은 겨울 낮에 햇볕을 충분히 받

지 못해 발병하는 것으로 짐작된다. 미 국립정신건강연구원(NIMH)의 토머스 웨르 박사는 겨울철에 멜라토닌의 분비량이 늘어나기 때문에 우울증에 걸리는 것이라고 주장한다. 그런데 여자가 남자보다 3배가량 많이 겨울 우울증에 시달리는 것으로 나타났다. 여자의 발병률이 높은 까닭은 남자보다 빛에 더 민감한 때문인 것으로 풀이된다.

봄이 되면 남녀 불문코 기분이 고조되고 몸이 나른해지지만, 특히 처녀들이 봄을 타는 이유는 빛에 민감해서 멜라토닌의 분비가 겨울철에 비해 현저히 줄어들기 때문이라고 설명할 수 있을 것 같다. 하지만 봄의 낮 길이와 인간 행동 사이의 상관관계가 과학적으로 입증된 것은 아니다. 봄 열병에 대한 과학적 증거는 아직 없지만, 과학적으로 설명되지 않은 겨울 우울증이 실재하는 것처럼 봄 열병 역시 엄연히 존재하는 현상임에는 틀림없다. (2007년 5월 5일)

이인식의 멋진과학 007
우두머리의 자존심

　20세기 초 과학자들은 폭력을 유발하는 사회적 요인인 가난, 매춘, 알코올 중독 따위가 정신박약으로부터 비롯되며 정신박약은 유전된다고 생각했다. 따라서 살인율이 급등한 1930년대 미국에서는 우생학 운동이 기승을 부렸다. 우생학(eugenics)은 환경보다는 유전이 인간의 사회적 행동을 결정한다고 전제하기 때문에 생물학적으로 열등한 인간의 제거를 당연시했다. 가령 시어도어 루즈벨트 미국 대통령은 "범죄인은 단종되어야 하고 정신박약자에 대해서는 자손을 남기지 못하도록 해야 한다."고 공언할 정도였다.
　또한 폭력적 성향을 지닌 사람은 자존심이 낮다는 게 오랫동안 상식이었다. 학교에서 교사들은 문제 학생들의 자존심을 살려 주는 것이 폭력적 언행을 자제시키고 학업 성적을 끌어올리는 최선의 방법이라고 생각한다. 부모들 역시 말썽꾸러기 자식들을 심하게 꾸짖으면 정신적 상처를 입어 불량배가 될지 모른다는 고정관념으로 잘못된 행동을 하더라도 나무랄 엄두조차 내지 못한다. 이처럼 낮은 자존심이 폭력을 유발하는 요인이라는 주장은 학계의 정설이었다.

그러나 미국의 사회심리학자인 플로리다 주립대의 로이 바우마이스터 박사는 '낮은 자존심 이론'(low-self-esteem theory)에 이의를 제기했다. 자신을 부정적으로 보는 사람들은 위험 부담이 많은 공격적 행동에 나서기는커녕 만사에 미적지근하게 대처하고, 자신의 우월성을 입증하려고 노력하기는커녕 얼렁뚱땅 넘어가려는 성향이 농후하다는 사실에 주목했기 때문이다. 1998년 7월 바우마이스터는 '낮은 자

존심 이론'의 대안으로 자존심이 높은 사람일수록 폭력적인 성향이 강하다는 이른바 '위협받는 자부심 이론'(threatened-egotism theory)을 제안했다.

바우마이스터가 분석하기에는 이라크의 사담 후세인은 자존심이 강했기 때문에 호전적으로 행동했다. 아돌프 히틀러가 집권 직후 우생학적 법률인 유전위생법을 공포하고 유럽 점령 지역에서 유대인 등을 수백만 명 살육한 것도 아리아 민족이 고등 인종이라는 자부심에서 비롯되었다. 살인자나 강간범은 남보다 우월하다고 생각하기 때문에 모욕을 당하면 공격적으로 돌변해 일을 저지른다. 거리의 깡패나 골목대장들도 다른 사람보다 잘났다고 착각하기 때문에 자존심에 상처를 입으면 폭력을 휘두른다.

바우마이스터는 '위협받는 자부심 이론'을 뒷받침하는 극단적인 사례로 자신에 대한 폭력적 행동, 곧 자살을 꼽는다. 이를테면 사회적으로 성공한 사람들이 명예가 실추되거나 부도가 나면 자부심이 손상되기 때문에 자살한다고 볼 수 있다는 것이다.

바우마이스터의 이론은 폭넓은 지지를 받고 있다. 침팬지의 행동에서 국가 간의 전쟁까지 그 공격성의 배경에 자존심이라는 감정이 깔려 있는 것으로 밝혀졌기 때문이다. 침팬지 수컷은 집단 내에서 최고봉에 오르기 위해 모든 것을 걸다시피 한다. 우두머리 자리를 획득하고 유지하기 위해 많은 시간을 들여 교활하고 끈질기게 노력한다. 서열이 낮은 수컷이 권위에 도전하면 우월한 수컷은 분노한다. 수컷 침팬지의 자존심이 모든 갈등의 근원인 것이다. 기원전 431년 아테

네와 스파르타 사이에 벌어진 펠로폰네소스 전쟁은 자존심 강한 사람들에 의해 통치된 자존심 강한 두 도시국가 사이의 경쟁에서 비롯되었다. 스파르타가 우위를 차지하고 있었으나 아테네가 성장하면서 두 나라 사이에 자존심 경쟁이 불붙어 결국 전쟁이 일어난 것으로 분석된다.

바우마이스터의 이론은 물론 자부심이 강한 사람들이 모두 공격적이라고 주장하는 것은 아니다.

부하의 도전에 위협을 느낀 수컷 침팬지처럼 재벌 회장은 자존심을 건드린 술집 웨이터들을 직접 응징하고야 말겠다는 복수심에 사로잡혀 있었던 것은 아닐까. (2007년 5월 12일)

이인식의 멋진과학 008
콘돔을 손수건처럼 챙겨라

2002년 6월 전남 여수에서 에이즈에 대한 공포감이 확산되어 한바탕 소동이 벌어진 적이 있다. 에이즈 보균자로 판명된 20대 후반의 여성이 18개월 동안 여수역 부근 집창촌에서 수백 명의 남성과 성관계를 맺은 사실이 드러났기 때문이다. 이 여인이 상대한 손님의 절반 정도가 콘돔을 쓰지 않은 것으로 밝혀져 에이즈 감염 여부를 문의하는 전화가 여수시 보건소에 빗발쳤다.

이 사건은 '작은 세계'(small world) 이론을 유감없이 뒷받침하는 사례이다. 서양에서는 지구상의 모든 사람이 다섯 다리만 건너면 어느 누구와도 안면을 틀 수 있다는 말이 있다. 다시 말해 서로 모르는 두 사람, 가령 서울의 미녀와 뉴욕의 백만장자도 다섯 다리밖에 떨어져 있지 않다는 것이다. 이러한 개념은 인류 모두가 긴밀하게 연결될 정도로 지구가 비좁다는 의미에서 작은 세계 현상이라 불린다.

2004년 1월 연세대 사회발전연구소는 한국 사회의 연결망(네트워크)을 조사한 결과 한국인은 전혀 알지 못하는 사람과 3.6명만 거치면 연결되는 것으로 나타났다고 발표했다. 대통령 선거 때마다 지역감정이 기승을 부리는 까닭도 유권자들이 자기 고향 출신을 뽑아 놓으면 두세 다리만 건너도 청와대에 줄을 댈 수 있다고 막연히 기대하기 때문인지 모른다.

작은 세계 현상은 이론적으로 체계화되어 네트워크과학(network science)이라는 새 학문을 태동시켰다. 네트워크과학은 인체, 인터넷, 인간관계 등 세상의 모든 것을 서로 연결된 네트워크로 보기 때문에 연구 주제는 끝이 없다. 예컨대 전염병 연구에 작은 세계 이론을 적용해 성과를 거두기도 했다.

2001년 6월 『네이처Nature』에 성관계의 네트워크를 분석한 논문이 실렸다. 스웨덴 스톡홀름대의 사회학자들이 미국 보스턴대의 물리학자들과 함께 작은 세계 개념으로 성관계의 연결 고리를 분석하고 에이즈, 음부포진, 매독과 같은 성 매개 질병이 전파되는 양태를 밝혀낸 것이다. 이들은 2,810명의 스웨덴 사람들을 대상으로 한 해 동안 얼마나 많은 상대와 성관계를 가졌는지 조사하고, 스웨덴 사회에서 생면부지의 두 사람이 몇 다리를 건너 연결되어 있는지를 알아냈다. 결론적으로 스웨덴 사람들은 성적 관계에서 어느 누구도 두세 다리밖에 떨어져 있지 않았다. 요컨대 성적으로 아무리 모범적인 시민일지라도 에이즈 보균자 등 성 매개 질병에 감염된 사람들과 멀리 떨어져 있다고 안심하는 것은 매우 어리석은 생각임이 밝혀진 것이다.

또한 몇몇 사람이 성관계 연결 고리의 많은 부분을 점유하는 것으로 나타났다. 이러한 연구 결과는 '환자 제로'(patient zero)에 의해 뒷받침된다. 전염병의 최초 발병자이자 전파자를 환자 제로라고 일컫는다. 미국에서 에이즈 확산 속도를 빠르게 한 장본인이 환자 제로이다. 그는 국제항공 노선의 남자 승무원이었는데, 전 세계의 사우나를 뻔질나게 드나들며 문란한 성관계를 가졌다. 미국 최초로 에이즈 환자로 진단받은 남자 248명 중에서 적어도 40명이 그 승무원 또는 그의 예전 상대와 성관계를 가진 것으로 드러났다.

환자 제로의 에이즈 확산 사건은 에이즈 예방 대책에 시사하는 바

가 적지 않다. 불특정 다수를 겨냥해 에이즈 퇴치 운동을 펼치기보다는 성적으로 난잡한 남녀를 집중 관리하는 편이 훨씬 효율적인 방법으로 여겨지기 때문이다.

국내 에이즈 감염자는 약 4,600명이다. 대부분 성행위를 통해 감염되었다. 젊은이 여러분, 콘돔을 손수건처럼 준비하고 다니시길. (2007년 5월 19일)

천재는 '머리'보다 '땀'이다

모차르트, 아인슈타인, 피카소 같은 천재들은 보통 사람과 무엇이 어떻게 다를까. 천재는 창조적인 상상력으로 자신이 속한 시대를 앞지르는 족적을 남긴 독보적인 존재이다. 그들은 문학, 예술, 과학 등 특정 분야에 철저히 몰두하고 독특한 관점으로 문제에 접근한다.

천재의 수수께끼에 도전한 인지과학자들은 천재나 범인(凡人), 모두 문제해결 방식이 동일한 과정을 밟는다는 사실을 밝혀냈다. 다시 말해 천재와 보통 사람 사이의 지적 능력 차이는 질보다 양의 문제라는 것이다. 천재들은 보통 사람들도 갖고 있는 능력을 훨씬 더 효과적으로 활용하기 때문에 양적인 차이임에도 불구하고 질적인 차이로 비쳐져서 천재들을 범인들과 완전히 다른 두뇌의 소유자로 보게

된다는 설명이다. 요컨대 천재들은 우리가 갖지 못한 그 무엇을 갖고 있다기보다는 우리 모두가 갖고 있는 것을 약간 많이 갖고 있을 따름이다.

 2006년 가을, 천재를 연구한 논문들을 최초로 집대성한 책이 '전문 지식과 전문가 수행에 관한 케임브리지 편람 Cambridge Handbook of Expertise and Expert Performance'이란 이름으로 출간되었다. 편집을 맡은 미국 플로리다 주립대의 심리학 교수인 앤더스 에릭슨은 "천재는 태어나는 것이 아니라 만들어진다."고 주장했다. 이 책에서 과학자들은 천재가 1퍼센트의 영감, 70퍼센트의 땀, 29퍼센트의 '좋은 환경과 가르침'으로 만들어진다고 분석했다.

 『전문 지식과 전문가 수행에 관한 케임브리지 편람』에 따르면 예술과 과학 분야에서 크게 성공한 인물들의 지능지수(IQ)는 보통 사람들보다 약간 높은 115~130인 것으로 나타났다. 이러한 지능지수는 전체 인구의 14퍼센트에 해당한다. 지능지수로만 보면 100명 중 14명은 천재가 될 조건을 갖추었다는 뜻이다. 천재들이 반드시 남보다 뛰어난 머리를 갖고 태어난 것은 아니라는 사실이 밝혀진 셈이다. 예컨대 1965년 노벨 물리학상을 받았으며 기발한 아이디어를 쏟아낸 천재로 알려진 리처드 파인만의 지능지수는 122였다. 아인슈타인, 피카소, 다윈은 어렸을 적에 학교 성적이 별로 좋지 않았다. 고흐, 고갱, 차이코프스키, 버나드 쇼도 한참 늦은 나이에 비로소 재능을 발휘했다.

천재들은 보통 사람들보다 다섯 배 정도 더 많은 시간과 노력을 쏟아부어 위대한 업적을 남긴 것으로 드러났다. 천재 중의 천재로 손꼽히는 모차르트는 세 살 적부터 연주를 시작한 신동이다. 그는 여섯 살 때 미뉴에트를 작곡하고 아홉 살에 교향곡, 열한 살에 오라토리오, 열두 살에 오페라를 썼다. 그는 한 곡을 쓰면서 동시에 다른 곡을 생각해 낼 수 있었으며 악보에 옮기기 전에 이미 곡 전체를 작곡했다고 알려졌다. 그러나 모차르트가 단숨에 작곡했다는 소문과 달리 그의 초고에는 고친 흔적이 적지 않다. 심지어 도중에 포기한 작품도 있다. 요컨대 모차르트는 신동의 명성을 유지하기 위해 남다른 노력을 했다는 것이다. 인류 역사상 가장 뛰어난 천재라는 모차르트조차 다른 사람들보다 더 노력했다는 사실은 35년의 짧은 생애에 무려 600여 편을 작곡했다는 것으로 확인된다. 천재들은 모차르트처럼 정력적인 일벌레여서 많은 작품을 생산했다. 프로이트는 45년간 330건, 아인슈타인은 50년간 248건의 논문을 남겼다. 볼테르는 2만 1,000통의 편지를 썼고 에디슨은 1,093건의 특허권을 획득했다.

앤더스 에릭슨 교수는 "천재가 되려면 좋은 환경이 절대적으로 필요하다."고 주장했다. 그는 모차르트의 재능을 일찌감치 발견한 아버지의 열정적인 뒷바라지가 없었더라면 그가 음악적 재능을 마음껏 꽃피울 수 있었겠느냐고 묻는다.

또 대부분의 천재들은 훌륭한 스승의 창조적인 사고방식을 본뜬 것으로 밝혀졌다. 이는 노벨상 수상자들의 면면을 살펴보면 알 수 있다. 1922년 물리학상을 받은 닐스 보어와 1938년 물리학상을 받은 엔리코 페르미의 경우 함께 연구했던 제자들 중 여러 명이 노벨상의 영광을 함께했다. 보어는 4명, 페르미는 6명의 문하생이 스승의 음덕으로 노벨상 수상의 영예를 누린 것으로 알려졌다.

수많은 '모차르트'와 '아인슈타인'이 그들의 자질을 계발해 주지 못한 환경에서 태어났다가 평범한 사람으로 사라져 갔다면 얼마나 안타까운 일이겠는가. (2007년 5월 26일)

창조론 기세등등하다

　케냐에서는 '투르카나 소년'이라 불리는 화석의 전시 계획을 놓고 논쟁이 치열하다. 가장 오래된 호모 에렉투스(직립인간) 화석으로 150만 년 전의 것이다. 1000만 신도를 거느린 복음교회 지도자가 진화론을 뒷받침하는 화석 전시를 비난한 것이 빌미가 되었다.

　러시아 정교회는 한 가족이 학교에서 진화론만을 가르치는 것은 잘못이라고 고발한 소송을 후원하고 나섰다.

　세계 최대 가톨릭 국가인 브라질에서는 5월 초 교황 베네딕토 16세의 방문을 계기로 성신강림 운동(Pentecostalism) 지도자들이 창조론 홍보에 박차를 가하고 있다.

　생명의 기원을 놓고 맞붙은 진화론과 창조론의 다툼은 그동안 미국에서만 사회적 쟁점이 되었으나 이제는 지구촌 전역으로 급속히 확산되는 추세이다.

5월 초, 내년 미국 대통령 선거에 나선 공화당 주자들 간의 첫 합동 토론회에서 존 매케인 상원의원 등 유력 후보들은 한결같이 로널드 레이건 전 대통령의 후계자임을 자처했으며, 일부는 진화론을 비판했다. 레이건은 보수층을 대변한 반(反)진화론자였다. 캘리포니아 주지사 시절 진화론 수업을 억제하고 창조론을 가르치도록 독려했으며, 1980년 대통령 선거에서 진화론에 중대한 결함이 있으므로 공립학교에서 성경의 천지창조를 가르쳐야 한다고 공언했다. 종교적 보수 집단에 크게 의존하는 공화당 후보로서 지당한 공약이었다.

2005년 한 여론조사에 따르면 공화당 지지자의 60퍼센트가 창조론자이고 11퍼센트가 진화론을 믿는 반면에, 민주당 지지자의 창조론 신봉자는 29퍼센트에 불과하고 44퍼센트가 진화론에 동의하는 것으로 나타났다.

레이건은 미국의 집권 세력인 네오콘(신보수주의자)이 거의 절대적인 존재로 추앙하는 인물이다. 1964년 배리 골드워터 상원의원의 대통령 출마를 계기로 모습을 드러낸 네오콘은 과학과 끊임없이 갈등을 빚어 왔다. 지구온난화, 줄기세포 연구, 창조론 등 한두 가지가 아니다. 이런 맥락에서 2월, 유력 후보인 매케인 의원이 '디스커버리 인스티튜트'의 초청을 수락한 것은 하등 이상할 게 없다. 시애틀에 있는 이 연구소는 지적설계(Intelligent Design) 가설을 홍보하고 진화론 교육을 저지하는 운동의 선봉에 서 있는 단체이다.

1802년 영국 신학자인 윌리엄 페일리는 기계적인 완벽성을 갖춘 척추동물의 눈을 시계에 비유하고, 시계의 설계자가 있는 것과 똑같은 이치로 눈의 설계자가 반드시 존재한다는 논리를 펼쳤다. 페일리의 창조론 때문에 1859년 찰스 다윈의 『종의 기원』이 출간되었을 때 대부분의 사람들은 진화론을 이해하기는커녕 관심조차 갖지 않았다. 그러나 훗날 진화론은 성경에 근거한 창조론을 뿌리째 흔들어 놓았다.

20세기 들어 유례없는 과학기술의 진보로 숨을 죽이고 있던 창조론자들은 1960년대부터 반격을 준비했다. 1996년 영국의 생화학자인 마이클 베히는 세포의 생화학적 구조는 진화론의 자연선택 과정에 의해 우연히 만들어졌다고 볼 수 없을 만큼 복잡하고 정교하기

때문에 생명은 오로지 지적설계의 산물일 수밖에 없다고 주장했다. 지적설계란 과학으로 입증이 불가능한 지적인 존재, 곧 하느님의 손길에 의한 설계를 뜻한다. 요컨대 지적설계 가설은 생명이 하느님의 창조물이라는 주장을 과학적으로 설득하려는 시도이다. 예전의 창조론자들처럼 맹목적으로 성경에 매달리는 대신 과학이 밝혀낸 사실을 원용하는 새 창조론은 창조과학이라 불린다.

창조과학자들의 활동은 기독교 문화권을 넘어 이슬람 국가로까지 뻗어 나가고 있다. 터키 이스탄불의 한 출판사는 이슬람 신자가 진화론을 공격한 770쪽짜리 『천지창조 도감 *Atlas of Creation*』을 영어와 프랑스어로 출간해 유럽의 교육기관에 무료로 대량 배포하고 있다.

이처럼 과학과 종교는 갈등 관계이지만 양자 간의 대화를 추진하는 움직임이 없는 것은 아니다. 1997년부터 미국에서는 과학자와 신학자들이 모임을 갖고 화해의 길을 모색하고 있다. 이들은 과학과 종교가 인류 문화의 양대 자산이므로 갈등을 끝낼 필요가 있다고 보는 것이다. 아인슈타인은 "종교 없는 과학이나 과학 없는 종교는 절름발이"라고 말했다. (2007년 6월 2일)

사이버 전쟁의 가공할 위력

4월 27일 에스토니아 공화국의 주요 웹사이트가 전면 공격을 받은 사이버 전쟁이 발발해 한 달 넘게 공방전이 전개되었다. 유럽 북쪽 발트 해 연안에 위치한 에스토니아는 1940년 소련에 합병되었으나 1991년 독립했다. 인구가 150만 명을 밑도는 기술 선진국이다. 수도인 탈린 중심부에 있던 소련의 전승 기념물을 국군묘지로 옮기는 것에 불만을 품은 러시아계 주민들이 소요를 일으켰고, 모스크바에서는 러시아 정부의 묵인하에 젊은이들이 에스토니아 대사관을 봉쇄했다. 이런 와중에 러시아 지지자들이 인터넷이 발달된 에스토니아에 사이버 공격을 가한 것이다.

군사 전문가들에 따르면, 사이버 전쟁은 컴퓨터 바이러스를 적성국의 전화국에 집어넣는 공격으로 시작된다. 컴퓨터 바이러스에 감염된 전화 교환기의 잦은 고장으로 기간 통신망이 기능을 상실하게 된다. 그다음에는 논리폭탄과 전자폭탄을 사용하여 주요 정부 기관의 컴퓨터 시스템을 파괴한다. 논리폭탄(logic bomb)은 특정 시간에 활동을 개시하여 컴퓨터 파일에 있는 데이터를 지우도록 프로그램 된, 일종의 시한폭탄 같은 컴퓨터 바이러스이다. 논리폭탄으로 상대 국가의 항공교통관제 시스템의 컴퓨터를 마비시키면 비행기들이 엉뚱한 곳에 착륙하는 사태가 발생할 것이다. 한편 적성국의 수도에 침입한 특공대원들로 하여금 손가방 크기의 전자폭탄(electromagnetic bomb)을 주요 시설 근처에 숨겨 두게 한다. 전자폭탄에서 발산되는 강력한 극초단파(마이크로웨이브)가 컴퓨터 시설의 모든 전자회로를 녹여 버리기

때문에 전산망의 기능이 무력화될 수밖에 없다.

그간 사이버 전쟁은 소규모로 여러 차례 벌어졌다. 1986년 소련 쪽 해커가 미국 미사일방어체계의 정보를 훔치려고 관련 연구소의 컴퓨터에 침입했다. 1990년 미국은 이라크로 수출하는 프린터 장치에 컴퓨터 바이러스를 심어 두었는데, 이라크의 모든 네트워크에 퍼져 나갔기 때문에 연합군 전폭기가 바그다드 상공에 나타났을 때 이라크의 방공망은 바이러스에 의해 마비된 상태였다. 2000년 10월부터 4개월간 이스라엘과 팔레스타인의 해커들이 상대방 사이트를 공격했다. 2001년 미국 정찰기와 중국 전투기가 충돌한 사건을 빌미로 두 나라 해커들이 공방전을 벌여 한때 백악관 사이트가 마비되었다. 2007년 미국 해군 네트워크전쟁사령부(Netwarcom)는 첨단 기술을 빼내려는 해킹이 날마다 수백 차례 발생하는데, 그 배후에 중국 정부가 있다고 비난했다.

이러한 사이버 전쟁은 해커들 사이에 벌어진 국지전에 불과하지만 이번 에스토니아 사태는 사상 최초로 국가 전체를 공격한 전면전 양상을 띠었기 때문에 나토(북대서양동맹기구) 등 안보 전문가들이 비상한 관심을 나타냈다.

에스토니아의 정부, 언론, 방송, 은행의 전산망은 일제히 사이버 공격을 받았다. 공격의 강도는 해커나 특수 집단의 능력을 훨씬 뛰어넘는 것이었다. 말하자면 국가 수준의 지원이 없이는 불가능한 대규모 공격이었다. 처음에는 러시아 정부에 연결된 컴퓨터가 공격에 개입한 듯했다. 이어서 전 세계의 컴퓨터 수천 대가 일제 공격에 가담했다.

특히 봇넷(botnet)이 위력적이었다. 봇넷은 컴퓨터의 주인도 모르는 사이에 바이러스에 의해 사이버 공격에 징발된 컴퓨터 집단을 가리킨다. 봇넷은 특정 사이트에 가짜로 대량의 정보를 요청하여 기능을 마비시키는 이른바 '분산 서비스 거부'(DDoS: distributed denial of service) 공격을 했다. 100만 대 이상 컴퓨터가 동시에 서비스 거부 공격을 펼쳐 한 사이트에 초당 5천 번이나 클릭한 적도 있었다. 2차 세계대전 때 히틀러에 승리한 것을 기념하는 날인 5월 9일 최대 규모의 공격이 벌어져 정부 부처 등 적어도 6개 사이트의 접속이 불가능했다.

에스토니아 사태는 만만찮은 국제적 쟁점을 야기했다. 우선 사이버 공격에 대한 국제 협약의 필요성이 제기되고 있지만 인터넷 기술의 속성상 실효성을 담보할 제도적 장치가 마땅치 않다는 분석이 지배적이다. 결국 에스토니아 안보 전문가의 지적처럼, "신속히 시스템을 정비하여 대응하는 탄력적 능력"이 최선의 방어 수단일 것 같다.

(2007년 6월 9일)

이인식의 멋진과학 012
사람 잡는 텔레비전 폭력물

　2005년 미국 앨라배마의 한 경찰서에서 18세 청년이 차량 절도 혐의로 조사를 받다가 경찰관의 총을 빼앗아 세 명의 머리에 난사했다. 그는 체포된 뒤 "인생은 비디오 게임 같다."고 외쳤다. 현재 사형수 감방에 앉아 있다.
　1999년 4월, 미국 리틀턴의 고등학교에서 두 학생이 12명의 동급생과 교사 한 명을 총으로 쏴 죽이고 자살했다. 두 학생은 날마다 몇 시간씩 '둠(최후의 심판)'을 즐긴 것으로 알려졌다. 둠은 천하무적의 전사가 되어 적을 살해하는 비디오 게임이다. 두 학생은 둠 게임을 흉내 내서 집단학살을 저지른 것이다. 리틀턴 참사는 다섯 시간 동안 텔레비전 생중계로 보도되었다. 사건 이후 수백 건의 모방 범죄가 발생했다.

두 사건은 미국 청소년들이 전자오락의 폭력 문화에 물들어 있음을 보여 준다. 그들은 텔레비전, 영화, 인터넷 등 각종 미디어의 폭력적인 내용에 노출되어 있다. 최근 영국 주간지 『뉴 사이언티스트 New Scientist』에 따르면 미국 어린이들은 초등학교 졸업 때까지 텔레비전에서 8,000건 이상의 살인과 10만 건의 폭력 장면을 보며 자라난다.

이러한 미디어가 청소년들에게 미치는 영향에 대해서는 긍정적인 효과, 이를테면 지적 능력 향상에 기여하고 유익한 학습 정보를 제공하는 이점이 있다고 주장하는 학자들도 있지만 폭력 등 부정적 측면을 이구동성으로 걱정한다.

1961년 미국 스탠퍼드대의 앨버트 밴듀라 교수는 어린이들이 폭력적 행동을 아주 세밀하게 모방한다는 연구 결과를 내놓았다. 그는 취학 전의 아이들에게 짧은 영화를 보여 주었다. 절반에게는 한 남자가 어릿광대를 구타하는 모습을, 나머지 절반에게는 평범한 장면을 관람시켰다. 영화를 본 뒤 인형 등 온갖 종류의 장난감을 갖고 놀도록 했는데, 구타 장면을 본 어린이들은 영화에서처럼 인형을 학대했다.

2007년 5월 뉴욕정신의학연구소의 제프리 존슨은 텔레비전 시청이 청소년에게 미치는 영향을 분석한 보고서를 발표했다. 그는 1980년대 중반부터 17년간 뉴욕 북쪽에 거주하는 678가구를 대상으로 어린 시절의 텔레비전 시청이 학습 능력과 공격적 성향에 어떤 영향을 미치는지 연구했다. 먼저 14세 어린이와 부모를 면접해서 텔레비

전 시청 습관, 학교 성적과 품행에 대한 자료를 수집했다. 이어서 그 어린이가 16세와 22세가 되었을 때 다시 똑같은 면접을 해서 정보를 분석했다.

14세의 어린이 77퍼센트가 날마다 1~3시간씩 텔레비전을 시청한 것으로 나타났다. 4시간 이상은 13퍼센트, 1시간 미만은 10퍼센트였다. 이러한 시청 습관은 16세와 22세에도 거의 바뀌지 않았다.

존슨은 14세에 하루 3시간 이상 텔레비전을 본 학생은 30퍼센트가 훗날 주의력 저하 문제가 발생한 반면에, 1시간 미만 학생은 15퍼센트만이 그런 문제가 나타나는 것을 밝혀냈다. 또 하루 1시간 미만 시청 학생은 10퍼센트가 학교 성적이 나빴지만 3시간 이상 본 학생은 3분의 1 정도가 22세까지 제대로 학업을 마치지 못한 것으로 드러났다.

존슨은 14세에 하루 3시간 이상 텔레비전을 가까이한 청소년이 1시간 미만 시청한 학생보다 다섯 배가량 폭력적인 언행을 일삼았다고 주장했다. 존슨의 생애를 건 연구는 텔레비전 시청으로 비롯된 집중력 저하가 학교 성적을 떨어뜨릴 수 있음을 밝혀낸 최초의 보고서로 평가된다. 또한 존슨의 연구는 텔레비전의 폭력물이 미국 사회의 폭력 문화를 조장하는 데 큰 몫을 하고 있음을 학문적으로 입증한 셈이다.

앨라배마에서 18세 청년에게 피살된 경찰관 가족들은 이 끔찍한 범죄의 책임이 그 젊은이가 즐긴 비디오 게임을 만들거나 판매한 기업체에도 있다고 주장하고, 가령 게임기 제조업체인 소니 컴퓨터 등을 상대로 소송을 준비 중인 것으로 알려졌다. 변호사들은 법정에서 게임이 그 청년을 살인자로 길들였다고 항의할 계획이어서 귀추가 주목된다.

텔레비전과 컴퓨터 게임은 어린이들의 정신을 마음대로 변화시키는 괴력을 지니고 있다. 아이들을 미디어 폭력으로부터 보호하는 최선책은 운동경기나 과외활동에 바빠서 텔레비전과 게임을 가까이할 시간을 갖지 못하도록 하는 것뿐이다. (2007년 6월 16일)

이인식의 멋진과학 013

침팬지에게도 '인권'을

인류와 가장 가까운 동물은 6백만 년 전에 공통 조상으로부터 갈라진 침팬지이다. 2006년 침팬지 게놈(유전체) 초안이 완성됨에 따라 사람과 침팬지의 유전물질이 1.23퍼센트 다른 것으로 밝혀졌다. 침팬지와 사람이 유전적으로 98.77퍼센트 동일한 관계임이 확인된 셈이다.

침팬지는 사람과 비슷한 행태를 여러 가지 보여 준다. 영장류학자인 프란스 드 발은 1982년 펴낸 첫 번째 저서인 『침팬지 정치학 *Chimpanzee Politics*』에서 침팬지가 인간처럼 권모술수를 써서 권력투쟁을 한다고 주장했다. 돌망치로 견과를 깨서 먹고, 개미집에 막대기를 쑤셔 넣어 핥아 먹는 침팬지도 있다. 상처를 입으면 나뭇잎으로 가리거

나, 암컷을 꼬드기려고 이파리를 소리 내어 찢기도 한다. 이처럼 침팬지가 복잡한 사회구조를 형성하고 도구를 사용하는 능력이 있기 때문에, 영국 세인트앤드루스 대학의 진화심리학자인 앤드루 휘튼 교수는 침팬지 사회에 일종의 문화가 존재한다고 주장했다. 휘튼은 침팬지가 새로 학습한 행동을 동료나 다른 집단에 전수시키는 증거를 처음으로 발견하고 연구 결과를 5월 말에 『시사 생물학Current Biology』에 발표했다.

　침팬지가 인류와 유사한 문화를 공유하기 때문에 침팬지처럼 인류와 공통 조상에서 갈라져 나온 오랑우탄, 고릴라, 보노보(피그미침팬지) 등 유인원을 여느 동물과 달리 특별 취급해야 한다는 운동이 전개되고 있다. 1993년부터 '유인원계획(Great Ape Project)'이라는 국제단체가 인간을 닮은 유인원에게 인간에 버금가는 권리를 부여해야 한다는 활동을 펼치고 있다. '유인원계획'의 핵심 인물은 미국 프린스턴대 석좌교수인 철학자 피터 싱어이다.

5월 중순 서울을 다녀간 싱어는 1975년 펴낸 『동물 해방론 *Animal Liberation*』에서 대부분의 인류가 종족주의(speciesism)의 과오를 저지르고 있다고 주장했다. 싱어가 만든 용어인 종족주의는 인종주의나 성차별주의를 연상시킨다. 싱어는 인류와 종이 다르다는 이유로 동물의 도덕적 지위를 부정하는 것은 윤리적으로 옳지 않다고 본 것이다. 싱어에 따르면 유인원은 종족주의의 희생물이다.

유인원계획에서는 유인원에게 다음 세 가지 권리를 부여하는 법률이 제정되어야 한다고 주장한다. 첫째, 생존권이다. 유인원은 인간과 대등하게 보호되어야 하며 엄격히 규정된 환경이 아니면 죽여서는 안 된다는 것이다. 둘째, 자유권이다. 유인원의 신체적 자유를 임의로 박탈해서는 안 되며 적법한 절차 없이 감금되면 즉시 풀어 주어야 한다는 것이다. 범죄 혐의가 없는 유인원은 구금해서는 안 되며, 신체적 위험이 예상되는 특별한 경우에만 보호 목적으로 구금이 허용되어야 한다는 것이다. 셋째, 고문 금지이다. 유인원에게 계획적으로 심한 고통을 주는 행위는 고문으로 간주되며 옳지 않은 처사라는 것이다.

유인원계획은 14년 동안 어느 정도 성공을 거둔 것으로 평가된다. 유럽을 중심으로 여러 나라에서 유인원을 보호하는 법규를 마련했기 때문이다. 1997년 영국 정부는 유인원을 의약 개발의 동물실험에 사용하는 것을 금지했다. 스웨덴과 오스트리아도 비슷한 조처를 했다.

1999년 뉴질랜드는 인간의 권리를 유인원에게 확장시키는 차원에서 유인원에게 특별한 지위를 인정하고 실험에 사용할 경우 정부의 승인을 받도록 규정했다. 2000년 12월 미국은 '침팬지 건강 증진, 유지 및 보호'(CHIMP) 법령을 제정하고 연방정부 예산으로 보호구역에서 돌보도록 했다. 2002년 네덜란드 정부는 유인원을 사용하는 연구를 전면 금지했다.

이러한 유인원 보호 움직임에 대해 반대 의견이 없을 리 만무하다. 영국 유전학자인 스티브 존스는 "생쥐는 인간 유전자의 90퍼센트를 공유한다. 그러면 생쥐도 사람의 권리 90퍼센트를 가져야 하는가?"라고 묻는다. 존스는 이를 계기로 모든 동물실험이 금지될 개연성을 염려하고 있는 것이다.

2007년 2월 스페인의 한 지방의회가 '유인원계획'이 천명한 권리를 유인원에게 부여하는 조례를 통과시켰다. 유인원에게 사상 최초로 생존권과 자유권을 인정한 것이다. 이번 여름 스페인 의회는 다른 지방에도 이 조례를 적용할지를 결정할 것으로 알려지고 있다. (2007년 6월 23일)

이인식의 멋진과학 014
생물학의 빅뱅

    2004년 10월 사람의 유전자 수가 2만여 개에 불과하여 예쁜꼬마선충(1만 9,500개)이나 초파리(1만 3,600개) 따위의 벌레와 별 차이가 없는 것으로 밝혀졌으나 과학자들은 별로 당황하지 않았다. 2001년 인간게놈프로젝트에서 유전자 수가 추정치인 10만 개에 크게 못 미치는 3만 개로 드러났을 때 한 번 크게 놀란 적이 있었기 때문이다.

    유전자 수로 사람과 하등동물을 구분할 수 없게 됨에 따라 해묵은 본성(nature) 대 양육(nurture) 논쟁이 다시 불붙었다. 인간의 행동이 유전자(본성)에 의해 결정된다고 믿는 선천론과 그 반대로 환경(양육)과 관계가 깊다고 주장하는 경험론 사이에 입씨름이 벌어진 것이다. 인간게놈프로젝트가 시작되면서 저울추가 본성 쪽으로 기울었으나 유전자 수가 예상외로 적은 것으로 나타남에 따라 양육이 중요하다는 목소리가 커지기 시작했다.

본성과 양육 둘 다 인간 행동에 필수적인 요인이므로 이러한 논쟁은 부질없는 것일 테지만, 복잡한 생물(인간)과 단순한 생물(벌레)의 유전자 수가 엇비슷하다는 사실은 생물학자들을 궁지에 몰아넣었다. 그런데 그 수수께끼를 푸는 실마리가 마침내 나타났다.

유전자의 본체는 디옥시리보핵산(DNA)이다. 1953년 DNA 분자구조가 밝혀짐에 따라 유전 현상을 분자 수준에서 설명할 수 있게 되었다. 유전이란 '사람의 자식은 반드시 사람'이라는 뜻이다. 사람의 자식이 사람다운 특징의 형태를 갖는 것이 유전이다. 그 특징을 결정하는 근본이 되는 것은 몸의 형질을 정하는 단백질이다. 말하자면 생

물의 본체는 유전자이지만 생명의 현상은 단백질이다.

DNA가 갖고 있는 유전정보로부터 단백질이 만들어지는 기본 과정은 DNA 합성, 리보핵산(RNA) 합성, 단백질 합성의 3단계를 거친다. 먼저 1단계에서 부모세포의 유전정보가 복제되면 자손세포 DNA가 합성된다. 단백질은 세포핵 밖에 있는 리보솜에서 만들어진다. 따라서 핵 안의 자손세포 DNA를 핵 밖의 리보솜으로 내보내야 한다. 그 역할을 하는 물질이 전령리보핵산(mRNA)이다.

2단계에서는 자손세포 DNA의 유전정보를 바탕으로 mRNA가 합성된다. 이것이 유전정보를 리보솜으로 전달한다. 3단계에서는 단백질 원료인 아미노산이 단백질 제조 공장인 리보솜으로 운반되어야 한다. 아미노산을 리보솜으로 옮기는 역할은 전이리보핵산(tRNA)이 한다. 모든 생물에서 이러한 3단계 과정을 거쳐 부모로부터 자식에게 유전정보가 전승되는 것이다.

따라서 생물학자들은 지난 50여 년간 DNA와 단백질의 상호작용을 밝히는 데 전력투구했다. 리보핵산은 핵 안의 유전정보를 리보솜으로 전달(mRNA)하거나, 아미노산을 리보솜으로 배달(tRNA)하는 보조 기능만 수행하는 것으로 여겨졌다.

그러나 최근 생물학자들은 세포에서 리보핵산의 존재를 가볍게 생각한 것이 큰 잘못임을 깨닫기 시작했다. 우선 새로운 RNA가 잇따라 발견되어 그 이름 짓는 게 큰일이 될 정도이다. 가령 사람 세포에서 새로 발견된 RNA의 하나인 마이크로리보핵산(microRNA)의 수는 3만 7,000여 개에 이른다. 사람 몸에서 단백질을 합성하는 유전자 2

만여 개와 비교되는 숫자이다. 마이크로RNA는 사람 유전자 3분의 1 이상의 활동을 통제하는 것으로 보인다. 요컨대 세포 안에서 일어나는 거의 모든 일들이 마이크로RNA의 관리를 받는다는 것이다.

 이러한 RNA의 존재는 사람이 벌레와 유전자 수가 엇비슷함에도 불구하고 훨씬 복잡한 구조를 가진 이유를 설명하는 단서가 된다. 벌레의 RNA는 단백질 합성 과정에서 조연에 불과하지만 사람의 RNA는 세포 안의 모든 활동을 관장하기 때문에 복잡성에 차이가 나는 것으로 설명된다. 따라서 리보핵산은 컴퓨터의 운영체계(OS)에 비유될 정도로 중요한 존재로 부각되기 시작했다.

 영국 주간지 『이코노미스트The Economist』가 6월 16일 자 커버스토리에서 리보핵산 재발견이 몰고 올 혁명적 변화를 분석하면서 '생물학의 빅뱅(대폭발)'이라는 제목을 달 만도 했다. (2007년 6월 30일)

이인식의 멋진과학 015
10대 뇌는 존재하는가

　미국에서 10대 청소년들은 자주 사회문제가 된다. 10대들은 한 달에 스무 번쯤 부모와 티격태격한다. 폭력, 음주, 마약, 섹스, 도박 등 비행을 일삼는다. 고등학교에서 총격전과 대량 살상이 벌어지기도 한다. 체포된 범법자 중에 18세가 가장 많은 것으로 집계되었다. 1955년 제임스 딘을 세계적 배우로 만든 「이유 없는 반항」의 주인공처럼 미국의 10대들은 말썽을 부리는 철부지로 치부되고 있다.

　미국의 언론 매체들은 청소년 문제를 곧잘 특집으로 다루면서 10대들이 정서적으로 불안하고 무책임한 행동을 저지르는 까닭은 뇌가 제대로 발육하지 않았기 때문이라고 설명한다. 신경과학의 연구 성과는 그러한 설명을 뒷받침한다.

1999년 미국 국립정신건강연구원(NIMH)의 제이 기드 박사는 『네이처 뉴로사이언스Nature Neuroscience』에 전전두엽 피질이 20대까지 계속 발육한다는 논문을 발표했다. 대뇌 앞부분에 위치한 이 부위는 고등 정신과정에 관련되어 특정 행동에 대한 의사결정을 한다. 요컨대 10대의 뇌에서 이 부위가 성인처럼 성숙한 상태가 아니므로 판단능력이 부족해서 충동적이고 반사회적인 언행을 하게 된다는 것이다. 이른바 '10대 뇌'(teen brain)가 존재하여 모든 사람이 10대 시절에는 이유 없는 반항을 하게 마련이라는 생각이 사회의 통념이 되다시피 했다.

그러나 10대 뇌의 존재를 부인하는 목소리도 만만치 않다. 1998년 미시간대 심리학 명예교수인 엘리엇 발렌슈타인은 『뇌 탓하기Blaming the Brain』라는 저서에서 인간 행동의 원인을 뇌에서만 찾는 것은 오류라고 지적했다. 그는 일부 제약회사들이 돈벌이를 위해 10대 뇌를 부각시키고 있다고 비난했다.

10대 뇌를 강력하게 부정하는 대표적 인물은 미국 심리학자인 로버트 엡슈타인 박사이다. 그는 6월 발간된 『사이언티픽 아메리칸』 리포트에 실린 글에서 '10대 뇌'는 애당초 존재하지 않았으며 속임수라고 주장했다. 그는 10대 문제를 제대로 파악하려면 신경과학 못지않게 인류학적 접근이 중요하다고 강조했다.

엡슈타인은 1991년 애리조나대의 인류학자 앨리스 슈레겔과 피츠버그대 심리학자 허버트 배리가 공저한 『청년기Adolescence』를 언급했다. 저자들은 산업화 이전의 186개 문화권에서 10대를 연구한 결과,

60퍼센트가량의 사회에 '청년기'라는 단어조차 없었으며 10대들은 대부분 어른들과 함께 시간을 보내 심리적으로 불안한 징후를 찾아 볼 수 없었다고 밝혔다. 산업화 이전 사회의 10대들은 미국의 청소년과는 달리 사회에 잘 적응하고 있는 것으로 나타난 것이다.

 엡슈타인은 이어서 하버드대 인류학자인 비어트리스 화이팅이 1980년대에 장기간 연구한 결과를 소개했다. 이 연구는 서양의 학교교육, 텔레비전 프로그램, 영화가 들어온 직후에 그 사회에 10대 문제가 발생했음을 밝혀냈다. 예컨대 캐나다 에스키모인 이누잇은 1980년 텔레비전이 도입될 때까지 청소년 비행 문제가 없었으며 1988년 새로운 문제들이 속출해 처음으로 경찰서를 설치했다. 이 연구 역시 미국에서 10대들이 야기하는 사회적 문제가 모든 인류 사회에 보편적인 현상이 아니라는 사실을 확인시켜 준 셈이다. 엡슈타인은 인류학자들의 연구를 통해 10대 문제가 서구 문명에서 비롯된 병리 현상인 것으로 입증되었기 때문에, 모든 인류가 10대 시절에 성숙하지 못한 뇌를 갖는다는 주장은 억지라고 반박했다.

엡슈타인은 미국에서 10대가 사회적 문제를 일으키는 까닭은 사춘기가 지난 뒤에도 어린애 취급을 하고, 어른들과 격리시켜 행동을 통제하기 때문이라고 진단했다. 결국 어른들에게 곧 어른이 될 수 있음을 과시하고 싶은 욕심에, 남자들은 폭주족이 되어 교통사고를 내고 여자들은 혼전 성교를 해서 임신을 하게 된다는 것이다. 10대들의 반항에는 이유가 없지 않다는 뜻이다.

여러 나라에서 10대를 어른처럼 대우했을 때 그들이 어려운 문제에 슬기롭게 대처했다는 연구 보고서가 나왔다. 청소년들은 기억력과 체력 등에서 성인 못지않다. 10대 뇌의 존재 여부와 상관없이 청소년들을 하나의 인격체로 대하고 감싸 안으면 미래의 주인공으로 구김살 없이 성장할 것임에 틀림없다. (2007년 7월 7일)

모든 인류가 사라진다면

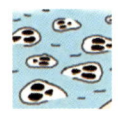

 어느 날 갑자기 지구에서 모든 인류가 사라진다면 어떤 일이 벌어질까. 누구나 한 번쯤 상상해 봄 직한 상황을 집대성한 미래 예측서가 나왔다. 7월 10일, 미국 애리조나대 언론학 교수인 앨런 와이즈먼이 펴낸 『우리가 없는 세계 *The World without Us*』는 뉴욕을 중심으로 사람이 단 한 명도 살지 않는 지구가 변모해 가는 과정을 생생하게 보여 준다.

 뉴욕의 상업 중심 지구인 맨해튼 땅 밑으로는 엄청난 양의 지하수가 흐르고 있으므로 펌프로 퍼내야 한다. 사람이 사라지면 발생할 첫 번째 사태의 하나가 전력 공급 중단이다. 전력이 끊기면 펌프 시설이 작동을 멈추기 때문에 48시간 만에 뉴욕의 모든 지하철은 물에 잠긴다. 하수 오물이 땅 위로 떠오르고 부패하면서 1년 뒤에는 도로 포장이 마멸된다. 4년 지나서 모든 빌딩이 붕괴하기 시작한다. 5년 뒤에는 벼락 맞은 수풀에 불이 붙어 엄청난 화재가 발생해 뉴욕을 불바다로 만든다. 20년 뒤 폐허가 된 맨해튼 거리에는 개울과 늪이 생긴다. 100년 뒤 모든 주택은 지붕이 꺼지면서 쓰레기 더미로 바뀐다. 건물이 서 있던 자리와 도로가 갈라진 틈새에 온갖 초목이 뿌리를 내리기 시작하면서 뉴욕 특유의 생태계가 형성된다. 땅이 겨울에 얼었다가 봄이 되면 녹는 과정이 해마다 되풀이되면서 건물 부지에 새로운 균열이 생겨나고 그 위로 물이 흘러내리면 새로운 식물이 모습을 드러낸다. 결국 500년 뒤 뉴욕의 중심 지역에는 거대한 수풀이 우거진다. 1만 5,000년쯤 지나면 지구에 새로운 빙하기가 찾아오

는데, 맨해튼에 남아 있던 석조 건물의 잔해가 산처럼 거대한 얼음 덩어리와 충돌하여 산산조각이 난다. 10만 년 뒤 뉴욕 하늘에 축적된 이산화탄소의 양은 산업화하기 이전의 수준으로 되돌아간다.

와이즈먼 교수는 인류가 사라진 지구 생태계의 모습을 설명하기 위해 홍적세 말기에 발생한 대형 포유류의 절멸을 언급했다. 홍적세는 250만 년 전에 시작되어 1만 년 전의 빙하기 끝 무렵에 마감된 지질시대이다. 마지막 빙하기에 유라시아, 아메리카, 오스트레일리아, 아프리카 등 세계 곳곳에서 매머드, 마스토돈, 들소, 나무늘보 따위의 대형 초식동물이 대부분 사라졌다. 이들의 절멸 속도는 아프리카에서는 완만했으나 북아메리카에서는 급박했다. 한 가지 놀라운 사실은 1만 3,000년 전 아시아에서 이주해 온 인디언들이 북아메리카 대륙에 발을 내디딘 직후 매머드가 대부분 사라졌다는 점이다. 따라서 매머드의 멸종을 사람의 탓으로 돌리는 주장이 많은 지지를 받고 있다. 사람들이 지나치게 많이 매머드를 살육하여 씨를 말렸다는 것이다. 이런 맥락에서 와이즈먼은 지구에서 인류가 사라지면 북아메리카 대륙이 나무늘보 등 거대한 초식동물의 낙원으로 복원될 것이라고 상상했다. 오늘날 인적이 끊겨 생태계가 고스란히 보존되어 있는 곳으로 한반도의 비무장지대(DMZ)를 꼽았다. 남북한의 군대가 양쪽에서 확성기로 상대방을 비방하고 있는 가운데 두루미가 떼 지어 날아다니는 광경을 묘사했다.

사람이 자취를 감춘 지구에서 사람의 흔적이 깡그리 없어지는 것은 아니다. 살충제나 공업용 화학물질과 같은 환경오염 물질의 일부는 지구가 수명을 다할 때까지 사라지지 않을 가능성이 크다. 예컨대 플라스틱 제품은 여러 형태의 물질로 분해하는 능력을 지닌 미생물이 나타날 때까지 오랜 세월 본래대로 남아 있을 것으로 보인다.

와이즈먼은 책머리에서 인류의 종말이 이미 진행되고 있다고 전제하고, 『사이언티픽 아메리칸』 7월호에 실린 인터뷰 기사에서 "우리가 없을 때 일어날 일들을 예상해 보면 우리가 있을 때 일어나고 있는 일들을 더 잘 이해할 수 있다."고 말했다. 인간이 지구환경을 훼손하는 주범임을 고발하기 위해 이 책을 집필하게 되었다고 밝힌 것이다. 와이즈먼은 사람들이 처음에는 '이 세계는 우리가 없어도 아름다울 것'이라고 생각하지만 곧이어 '우리가 여기에 없으면 슬프지 않을까?' 하는 반응을 나타낸다고 덧붙였다. 책 끄트머리에서 저자는 인류가 지구의 다른 것들과 훨씬 더 많이 균형을 맞춘다면 생태계 일부로서 존속할 수 있다고 강조했다. (2007년 7월 14일)

호주 원주민 어린이의 눈물

호주 사회가 원주민 어린이들에 대한 성적 학대 실태를 조사한 보고서 때문에 충격에 휩싸였다. 6월 15일 발표된 이 보고서는 북부 지역 원주민 사회의 어린이 2만 3,000명 대부분이 성폭력 앞에 노출된 상태라고 폭로했다. 아기들은 강간당하고, 어린애들은 포르노 영화에 출연하여 성행위를 흉내 내고, 10대들은 마약 살 돈을 벌려고 몸을 판다는 참혹한 내용이었다.

어린이를 성적 대상으로 선호하는 이상성욕을 소아기호증(pedophilia)이라 한다. 이 용어는 1886년 성과학(sexology)의 아버지라 불리는 독일의 리하르트 폰 크라프트-에빙(1840~1902)이 만들었다. 소아기호증을 나타내는 남자는 두 부류로 나뉜다. 하나는 사춘기 전에 그러한 성향이 나타나는 경우이고, 다른 하나는 어린이를 어른 대용으로 삼는 이른바 상황적 학대자(situational molester)이다. 이들은 동년배와의 성적 관계에서 좌절감을 느껴 마음대로 다룰 수 있는 상대로 어린이를 찾는 성인들이다. 또한 직업상 어린이들과 지속적인 관계를 유지하는 상황에서 방어 능력이 모자란 아이들을 성적 노리개로 삼는 사람도 포함된다.

소아기호증의 원인과 치료 방법에 대한 연구는 저조한 상태이다. 어린이에 대한 성적 학대를 범죄행위보다는 정신질환으로 접근할 경우 변태성욕자를 두둔한다는 비난을 받을 소지가 많기 때문에 연구를 꺼리는 실정이다.

소아기호증은 유전과 환경 요인이 모두 관련되어 나타나는 것으로 여겨진다. 대부분 성도착증은 거의 후천적인 원인에서 비롯된다. 어릴 적부터 성에 대한 편견이나 열등감을 느끼게 되면 사회의 규범으로부터 일탈한 성행동을 하게 된다. 소아기호증 역시 어린 시절의 경험과 깊은 관계가 있는 것으로 확인되었다. 어렸을 적에 어른으로부터 성적으로 학대받은 사람들이 소아기호증을 나타낸다는 연구 결과가 나왔다. 2001년 영국 연구진들은 성범죄자를 치료하는 런던의 한 병원에서 소아기호증 환자 225명과 다른 환자 522명의 기록을 검토한 결과, 소아기호증 환자들이 성적 학대를 받은 비율이 훨씬 높게 나타난 것이다. 성적 학대를 받은 사람들은 어른이 되어서 어린 시절 패배감을 승리감으로 보상받기 위해 어린이들에게 폭력을 휘두르며 성관계를 맺는 것으로 분석되었다.

소아기호증의 뿌리에는 생물학적 요인도 있는 것으로 밝혀졌다. 2002년 토론토대의 레이 블랜차드 교수는 어린 시절 뇌 손상과 소아기호증의 연결 고리를 찾기 위해 소아기호증 환자 400명과 그렇지 않은 환자 800명의 의료 기록을 검토하고, 소아기호증 환자들이 다른 환자보다 여섯 살 이전에 의식을 잃은 사고를 더 많이 당한 것을 발견했다. 물론 어린 시절의 뇌 손상이 반드시 소아기호증을 유발한다는 뜻은 아니지만 뇌 결함이 소아기호증의 중요한 원인이 될 수 있음을 확인한 연구 결과였다.

소아기호증 치료에는 정신요법과 약물요법이 함께 권유된다. 정신요법은 환자가 어린 시절에 입은 정신적 상처를 들추어내서 의사와

의 대화를 통해 치유하는 방식으로 진행된다. 한편 약물요법은 소아기호증 환자의 성욕을 억제하는 약을 처방하거나, 남성호르몬인 테스토스테론 분비가 거의 거세당한 사람의 수준으로까지 감소하도록 조처한다.

호주 국민들은 6월 15일 공개된 보고서를 통해 원주민들이 처한 참상을 알고 경악하지 않을 수 없었다. 원주민 사회는 어린이들에 대한 성적 학대뿐만 아니라 알코올 중독과 부녀자 폭행이 만연한 상태인 것으로 드러났다. 호주인의 기대수명은 80살이지만 원주민은 63살에 불과했다. 원주민들은 당뇨병과 심장질환에 시달리고 있으며 가난과 관련된 질병들, 예컨대 폐질환과 빈혈증을 앓고 있어 기대수명이 짧을 수밖에 없는 것으로 분석되었다.

6월 21일 존 하워드 호주 총리는 원주민 문제에 대한 정부 대책을 발표하고, 어린이의 성적 학대는 국가 비상사태에 버금간다고 말했다. 열여섯 살 이하 원주민 어린이의 건강검진 의무화 등 미봉책을 발표했지만 11년 집권 기간 동안 원주민 문제를 소홀히 다루었다는 비난을 받아 마땅하다는 여론이 지배적이다. (2007년 7월 21일)

이인식의 멋진과학 018

누가 대통령을 쏘았는가

미국 주간지 『타임』 7월 2일 자 커버스토리는 제35대 미국 대통령인 존 F. 케네디의 생애와 업적을 회고하면서 그의 죽음을 둘러싼 의혹도 상세히 다뤘다. 1963년 11월 22일 텍사스 주 댈러스에서 그를 저격한 암살범의 배후에 미국 중앙정보국(CIA)이 있다고 확신하는 사람들이 아직도 적지 않다고 보도했다. 케네디 암살에 음모가 개입되었다고 믿는 미국인의 비율은 1968년 3분의 2에서 1990년 90퍼센트로 껑충 뛰어올랐으며, 44년이 지난 오늘날에도 75퍼센트에 달하는 것으로 나타났다.

1969년 7월 20일, 미국의 아폴로 11호가 달 착륙에 성공하여 우주비행사가 인류 역사상 최초로 달 표면에 발자국을 남기는 쾌거를

이루었다. 하지만 달에 꽂아 둔 성조기가 바람에 펄럭이는 중계 장면이 문제가 되었다. 대기가 없는 달에서는 불가능한 일이 발생했기 때문에 달 착륙은 조작극이라고 주장하는 사람들이 나타난 것이다. 그것은 성조기를 매단 깃대가 흔들릴 때 우주비행사가 손을 대서 일어난 현상이었다. 그러나 소련과의 우주 경쟁에서 승리했음을 보여 주기 위해 미국 정부가 속임수를 꾸며 냈다고 생각하는 사람들도 여전히 존재한다.

  1997년 8월 31일, 영국의 다이애나 왕세자비는 파파라치, 즉 유명인사를 쫓아다니는 프리랜서 사진작가를 피하려다 자동차 충돌 사고로 숨졌다. 그러나 남자관계가 복잡한 그녀가 권력을 누리는 것이 마뜩잖은 영국 왕실이 교통사고에 작용했을지 모른다고 의심하는 사람들이 적지 않다.

　이처럼 사건의 배후에 보이지 않는 힘이 작용한다고 보는 시각을 음모 이론(conspiracy theory)이라고 한다. 음모 이론은 세상을 움직이는 것은 정치권력보다는 대중이 전혀 눈치채지 못하게 영향력을 행사하는 거대한 힘이라고 전제한다. 사람들이 음모 이론에 현혹되는 까닭은 복잡한 쟁점을 극단적으로 단순화하려는 경향이 있기 때문이다. 어떤 일이 발생하건 그 뒤에 거대한 힘이 개입되어 있다고 여기면 복잡한 사건이라 할지라도 이해하기 쉽기 때문이라는 것이다.

　2003년 3월 영국 런던대의 패트릭 레만 교수는 영국심리학회에 발표한 음모 이론 연구 보고서에서, 인간의 심리 저변에는 파급효과가 큰 사건일수록 그 원인도 거창할 것이라고 추리(major event-major cause reasoning)하는 성향이 깔려 있는 것 같다고 주장했다. 레만 교수는 대학생 64명에게 신문에서 잘라 낸 것처럼 보이는 기사를 제시했다. 물론 이 기사는 가짜로 만든 것이었다. 가상 국가의 대통령에 관해 4종류로 꾸민 기사였다.

　첫 번째 기사는 대통령이 총을 맞아 죽는 것으로 되어 있다. 두 번째 기사는 대통령이 피격되지만 목숨을 건진 것으로, 세 번째 기사는 총알이 대통령을 빗나갔으나 알 수 없는 원인으로 피격 직후 사망하는 것으로, 네 번째 기사는 총알이 빗나가 대통령이 살아남는 것으로 작성되었다. 레만 교수는 이러한 신문기사를 읽고 암살범의 단독 범행인지 아니면 배후에 다른 세력이 있다고 생각하는지 물었는데, 대부분 저격수 뒤에 어떤 세력이 있다는 쪽으로 의견을 내놓았다. 결론적으로 사람들에게는 주요 사건에 거대한 원인이 숨어 있다고 추리하는 성향이 농후하다는 사실이 확인된 셈이다.

영국 주간지 『뉴 사이언티스트』 7월 14일 자에 기고한 글에서 레만 교수는 음모 이론이 수그러들지 않는 이유 중의 하나로 인터넷을 지목했다. 다이애나 왕세자비의 죽음에 얽힌 이야기를 제공하는 웹사이트가 2004년에 3만 6,000개를 넘었을 정도이다. 2001년 9월 11일 미국에서 발생한 테러의 배후에 CIA가 있다고 주장하는 다큐멘터리 「루스 체인지」를 웹사이트(www.loosechange911.com)에서 내려 받은 횟수가 1000만 번을 상회한 것으로 집계되었다.

음모 이론은 정치적 목적으로 활용되는 사례가 빈번하다. 12월 대통령 선거를 앞두고 상대방 후보를 흠집 내기 위해 갖가지 음모 이론이 인터넷을 통해 기승을 부리지 말란 법이 없다. 16세기 이탈리아 정치가인 니콜로 마키아벨리는 『군주론』(1532)에서 정적을 제거하기 위한 음모가 성공하는 확률은 그리 높지 않다고 설파한 바 있다.

(2007년 7월 28일)

이인식의 멋진과학 019
동물도 느낄 줄 안다

 까치 한 마리가 길 위에 죽어 있고 그 둘레에 네 마리가 모여 있다. 차례대로 한 마리씩 부리로 사체를 가볍게 쪼아 댔다. 이윽고 네 마리 모두 숲 속으로 날아가서 지푸라기를 물고 와 사체 옆에 놓았다. 까치들은 몇 초 동안 묵념하듯 서 있다가 한 마리씩 하늘 멀리 사라졌다. 까치들의 장례식을 목격한 미국 콜로라도대의 마크 베코프 교수는 『뉴 사이언티스트』 5월 26일 자에 기고한 글에서 까치들이 슬픔을 느끼는 능력을 갖고 있다고 주장했다.
 베코프는 2000년 『돌고래의 미소 The Smile of A Dolphin』를 편집한 생물학자이다. 이 책에는 개, 고양이, 침팬지, 물고기, 이구아나 등의 연구에 생애를 바친 50여 명의 사례 보고서가 집대성되어 있다. 이 책의

출간을 계기로 동물의 감정에 대한 대중의 관심이 고조되었다. 사람이 정서를 느끼는 유일한 동물이라고 생각하는 생물학자들은 동물이 감정을 갖고 있다는 주장에 동의하기를 꺼렸으나, 동물행동학과 신경생물학 연구에서 동물도 사람처럼 감정을 느끼는 듯한 증거가 속출하고 있다.

베코프 교수에 따르면 많은 동물이 까치처럼 슬픔을 느낄 줄 아는 것 같다. 슬픔에 젖은 동물은 혼자서 외딴곳에 앉아 허공을 쳐다보거나, 음식 먹는 것을 중단하거나, 짝짓기에 관심을 갖지 않게 된다. 예컨대 어느 수컷 침팬지는 어미가 죽은 뒤에 단식하고 결국 굶어 죽었다. 고래가 자신의 새끼를 잡아먹는 광경을 보고 있던 어미 강치는 소름끼치는 소리를 내면서 울부짖었다. 가장 슬픔을 잘 느끼는 동물은 코끼리이다. 짝이나 새끼가 죽으면 며칠 동안 밤샘을 하면서 사체 곁을 떠나지 않는다.

짝을 잃고 슬퍼하는 동물은 사랑을 느낄 줄 아는 능력도 갖고 있다고 볼 수 있다. 특히 대부분의 조류와 포유류는 구애와 짝짓기를 하는 동안 사람처럼 로맨틱한 사랑을 하는 것 같다. 이를테면 큰까마귀와 고래의 뇌에서 사람이 사랑할 때와 비슷한 현상이 일어나기 때문이다. 사랑에 빠진 여자나 짝짓기 하려는 고래의 뇌에서 도파민(dopamine)의 분비량이 증가한다. 신경전달물질인 도파민은 성관계를 갖거나 음식을 먹을 때처럼 행복한 순간에 분비된다. 사랑하는 사람을 떠올리거나 바라보고만 있어도 도파민의 농도는 급상승하고 성욕도 증가한다. 동물의 경우 도파민 분비량에 비례하여 성적 충동이 증가하는 것으로 밝혀졌다. 암쥐를 숫쥐의 우리 안에 넣어 주자 교미를 기대한 숫쥐의 뇌에서 도파민 수치가 90퍼센트가량 올라간 것이다.

도파민은 동물들이 놀이를 하면서 즐거움을 느낄 때도 분비된다. 어린 돌고래 새끼는 물속에서 몸이 떠 있는 상태를 즐긴다. 물소는 얼음 위에서 스케이트를 타며 좋아한다. 쥐가 놀이를 하는 동안에 뇌 안에서 도파민이 분비되는 것이 확인되었다. 요컨대 일부 등뼈동물은 사람처럼 기쁨을 느낄 줄 아는 것 같다.

베코프 교수는 동물이 감사할 줄 아는 능력을 보여 준 사례도 소개했다. 2005년 12월, 북부 캘리포니아 해안에서 15미터 길이의 흑고래 암컷이 바닷게를 잡는 그물에 걸려 분수 구멍이 수면 위로 떠오르지 못해 힘들어했다. 잠수부들이 용감하게 접근해서 그물을 절단

해 주자 그 고래는 잠수부들에게 차례대로 코를 디밀고 눈을 깜박거렸다. 전문가들은 고래가 자주 나타내지 않는 몸짓이었으며, 마치 감사의 뜻을 전하는 것 같았다고 풀이했다.

베코프 교수는 동물들이 옳고 그름을 따져 공명정대한 행동(페어플레이)을 하는 능력을 갖고 있다고 주장했다. 일부 등뼈동물이 도덕성의 기초가 되는 정서 능력을 지니고 있기 때문에 페어플레이를 할 수 있다고 생각한 것이다. 인류가 지구상에서 도덕관념을 아는 유일한 동물이라고 믿고 있는 사람들에게는 얼토당토않은 궤변으로 들릴 것이다.

동물들이 감정을 나타내는 증거가 속속 확보됨에 따라 적어도 일부 등뼈동물은 인간이 지각하는 감정, 이를테면 기쁨, 슬픔, 분노, 혐오, 사랑, 질투, 연민, 감사 등을 대부분 느낄 수 있다고 주장하는 생물학자들이 늘어나는 추세이다. 인간만이 감정을 가진 고등동물이라고 여기는 고정관념을 벗어날 때가 된 것 같다. (2007년 8월 4일)

이인식의 멋진과학 020
비만은 사회적 전염병

오늘날 잘 먹고 잘사는 나라에서는 비만으로 시달리는 사람들이 급증하고 있다. 뚱뚱한 체격은 외모의 아름다움을 훼손하는 데 그치지 않고 여러 질병을 유발하는 것으로 알려졌다.

비만의 정도는 체질량지수(BMI)로 나타낸다. BMI는 몸무게(킬로그램)를 키(미터)의 제곱으로 나눈 값이다. 몸무게 70킬로그램에 키 170센티미터이면 BMI는 24.2가 된다. 국가별로 비만을 판정하는 BMI 수치가 다르다. 미국 정부는 18.5 미만은 저체중, 18.5~24.9는 정상체중, 25~29.9는 과체중으로 구분하고 30 이상을 비만으로 간주한다. 30~34.9는 1단계 비만, 35~39.9는 2단계 비만, 40이상은 3단계 비만이다. 우리나라에서는 25 이상을 비만으로 본다.

2005년 1월, 미국 보건복지부(DHHS)는 식생활 지침을 발표하면서 "과체중과 비만이 만연하는 현상은 중대한 건강 문제이다. 체지방이 지나치게 축적되면 수명이 단축되고 당뇨병, 암, 심장질환, 고혈압, 호흡기 장애, 통풍, 뇌졸중, 골관절염 등을 유발할 위험이 높기 때문이다."고 강조했다. 2006년 8월 『뉴잉글랜드 의학 저널New England Journal of Medicine』에 발표된 논문에서 미국 국립암연구소(NCI)와 국립위생연구소(NIH)의 연구진들은 "중년에 체중이 과도하게 불어나면 일찍 죽을 가능성이 높아진다."고 경고했다.

미국 성인의 10명 중 6명이 과체중이거나 비만이다. 2004년 미국 질병예방센터(CDC)는 비만인 성인의 비율은 30년 전 15퍼센트에서 31퍼센트로 두 배나 늘어났다고 발표했다. 비만이 퍼져 나가는 원인에 대해서는 유전과 생활환경의 탓으로 돌리는 주장이 설득력 있게 받아들여지고 있다. 그런데 비만인 사람의 몸무게에 가장 영향을 미치는 요인은 유전이나 생활 습관보다는 가까운 친구라는 연구 논문이 『뉴잉글랜드 의학 저널』 7월 26일 자에 발표되었다.

이 논문을 제출한 하버드대 사회학 교수인 니콜라스 크리스태키스와 캘리포니아대 정치학 교수인 제임스 파울러는 비만이 단순히 늘어나는 게 아니라 마치 감기처럼 사람들 사이에 전염된다고 주장했다. 이를테면 비만은 사회적으로 전염되는 질병이라는 것이다. 사회적 전염 개념은 2000년 캐나다의 저술가인 말콤 글래드웰이 『티핑 포인트 The Tipping Point』에서 언급한 현상과 일맥상통한다. 티핑은 어떤 사회에서 일어나는 급격한 변화를 뜻한다. 티핑 포인트는 안정된 상

태의 균형을 깨고 어떤 변화가 발생하는 지점이다. 예컨대 어떤 사람이 갑자기 관심의 대상이 되거나, 어떤 영화가 대박을 터뜨리는 경우이다. 글래드웰의 표현을 빌리면 "무명의 책이 베스트셀러가 되거나 10대의 흡연이 증가하는 현상처럼 우리의 일상 속에서 일어나는 설명하기 힘든 극적인 변화를 이해할 수 있는 가장 좋은 방법은 그것을 일종의 전염으로 생각하는 것이다. 아이디어, 상품, 메시지, 행동은 바이러스처럼 퍼져 나간다."

크리스태키스와 파울러는 1971년부터 2003년까지 32년간 심장질환 연구에 참여한 1만 2,000명을 대상으로 가족과 친구들의 명단을 파악한 뒤 그들이 형성하는 사회적 연결망(네트워크) 안에서 비만이 발생하는 양태를 분석했다. 배우자가 뚱뚱할 경우, 비만이 될 가능성은 37퍼센트 증가했다. 유전자를 공유한 형제가 살이 찌면 비만이 될 확률은 40퍼센트 더 높았다. 비만인 친구를 가졌을 경우 뚱뚱보가 될 가능성은 57퍼센트나 더 컸다. 두 사람이 서로 상대방을 친구라고 인정할 경우에는 한 친구가 뚱뚱해지면 다른 친구가 비만이 될 가능성은 171퍼센트로 3배나 더 높게 나타났다. 요컨대 배우자나 형제보다 친구가 비만에 더 많은 영향을 끼친다는 사실은 비만이 사회적 네트워크를 통해 전염되는 현상임을 확인해 준다는 것이다.

　이 연구는 자칫 잘못하면 뚱뚱한 친구와 헤어지라는 뜻으로 받아들여질 수 있다. 하지만 친구를 살찌게 만드는 전염 효과가 살 빠지게 하는 데에도 똑같이 나타나는 것으로 밝혀졌다. 자신이 살을 빼면 친구도 날씬해질 수 있을 터이므로 뚱뚱한 친구를 구태여 멀리할 필요는 없을 것 같다. (2007년 8월 11일)

이인식의 멋진과학 021

완벽한 남자 고르는 법

　여자들이 평생의 반려자를 고를 때 남자에게 바라는 조건은 진화심리학의 연구 주제이다. 미국 미시간대의 데이비드 부스 교수는 6대륙 37개 문화권에 속한 1만여 명의 남녀를 대상으로 짝짓기 심리를 연구하고, 1994년 『욕망의 진화 The Evolution of Desire』를 펴냈다. 부스는 이 책에서 여자들이 돈 많고, 사회적 지위 높고, 머리 좋은 남자를 선호하는 것으로 확인되었다고 밝혔다. 신뢰감, 야망, 근면성, 건강 상태 등도 여자들이 짝을 선택할 때 중시하는 조건이었다. 하지만 이러한 조건을 완벽하게 갖춘 남자가 드물뿐더러 그러한 상대와 부부가 되는 행운을 누리는 여자도 많지 않다.

　보통 여자들은 보통 남자들과 결혼하지만 실망하지 않는다. 남편

이 이상형의 조건을 제대로 충족시키지 못하더라도 문제가 되지 않는 순간이 불쑥 찾아오기 때문이다. 그 여자가 그 남자를 사랑하게 되는 것이다. 사랑의 맹목성은 짝짓기 승부에서 완벽한 배우자를 찾지 못한 사람들에게 훌륭한 핑곗거리가 된다.

여자가 남자에게 끌리는 까닭은 사랑이 일종의 화학작용이기 때문이다. 짝짓기에서 결정적인 영향을 미치는 인체의 화학작용으로는 생리 주기, 섹스, 몸 냄새를 꼽을 수 있다. 2006년 4월 캘리포니아대의 마티 해즐턴 교수는 남자들은 여자들이 배란기에 즈음해서 풍기는 체취에 더 끌리고, 여자들 또한 생리 주기의 다른 때보다 배란기에 훨씬 더 남자의 성적 매력에 현혹되는 것으로 나타났다고 밝혔다. 남녀 모두 임신 가능성이 높은 배란기에는 상대방의 어떤 조건보다도 성적 욕망을 중시한다는 뜻이다.

성욕은 물론 사랑과 동의어는 아니다. 사랑 없는 섹스는 얼마든지 가능하니까. 그러나 섹스는 좋은 배우자를 선택하는 데 큰 걸림돌이 된다. 옥시토신(oxytocin) 때문이다. 뇌에서 합성되어 혈류로 방출되는 화학물질이다. 옥시토신은 사랑하는 남녀가 포옹하지 않고는 못 배길 것 같은 기분을 들게 하는 호르몬이다. 섹스를 끝낸 뒤 남녀가 서로 껴안은 채 새벽녘까지 함께 지내는 것도 옥시토신 덕분이다. 이처럼 섹스는 배우잣감으로 여기지 않던 상대에게도 사랑의 감정을 불러일으키므로 이상적인 조건을 갖춘 남자를 찾으려는 노력을 포기하게 될 가능성이 높다. 이런 맥락에서 동거해 본 뒤 결혼 여부를 결정한다는 젊은이들의 속셈은 반드시 현명한 것 같지만은 않다.

남자의 몸 냄새 또한 여자들의 배우자 선택에 무의식적으로 영향을 끼치는 것으로 나타났다. 2001년 과학자들은 여자가 유전적으로 적합한 짝을 고를 때 남자의 몸 냄새가 어떤 역할을 하는지 밝혀냈다. 남자들의 체취가 밴 티셔츠를 여자들에게 나눠 주고 코로 맡도록 했는데, 여자들은 주 조직 적합성 복합체(MHC: Major Histocompatibility Complex)의 유전자가 자신과 다른 남성의 티셔츠 냄새를 더 좋게 평가했다.

모든 세포의 표면에 붙어 있는 MHC 분자는 면역체계로 하여금 병원균과 세포를 구분하게 하는 단백질이다. MHC 유전자가 다양할수록 면역력이 강한 사람이라고 할 수 있다. MHC 분자는 규칙적으로 교체되어 못쓰게 된 것은 분해되어 땀으로 배출된다. 여자들은 남자 티셔츠의 땀에서 MHC 냄새를 맡고 자신과 유전적으로 다른 남성의 체취를 더 선호하는 것으로 밝혀진 것이다. 여자들이 무의식적으로 자신과 다른 MHC를 가진 남자를 짝으로 선택함으로써 근친 간의 성관계로 문제아가 태어날 위험을 사전에 예방한 것이라고 설명된다.

2007년 1월 뉴멕시코대의 크리스틴 가버-애프가 교수는 유전적으로 유사한 부부들의 경우, 아내들이 성적으로 덜 충실하다는 연구결과를 발표했다. 부인들은 MHC가 다른 외간 남자에게 더 끌리는 것으로 나타났다. 가령 부부의 MHC 유전자가 50퍼센트 동일하면 아내가 바람을 피울 확률은 50퍼센트라는 것이다.

해즐턴 교수는 우리가 배우자를 고르는 기회는 9퍼센트에 불과하다고 말한다. 100명의 상대 가운데 처음 만난 9명 중에서 한 사람을 짝으로 선택한다는 뜻이다. 하물며 인체의 화학작용이 우리의 의지와 무관하게 짝짓기에 개입한다고 하니, 이상형의 배필을 구한 사람이 얼마나 될지 궁금하다. (2007년 8월 18일)

나노물질이 수상하다

석탄과 다이아몬드는 똑같이 탄소 원자로 구성되어 있지만 원자 배열 상태가 달라 하나는 값싼 땔감으로, 다른 하나는 값비싼 보석으로 사용된다. 이처럼 물질의 특성과 가치는 원자들의 배열에 따라 결정된다. 따라서 원자들의 배열을 바꿔 줄 수 있다면 얼마든지 새로운 물질을 만들 수 있다.

원자의 크기는 나노미터로 측정된다. 1나노미터는 10억 분의 1미터로서, 사람 머리카락 굵기의 5만 분의 1에 해당된다. 이와 같이 극미한 원자나 분자를 개별적으로 다루어 전혀 새로운 성질과 기능을 가진 물질을 만드는 기술을 나노기술(NT)이라 한다. 2000년 1월, 빌 클린턴 미국 대통령은 처음으로 정부 차원의 나노기술 육성 계획을 발표하면서 나노기술은 "미국 의회도서관에 소장된 모든 정보를 한 개의 각설탕 크기 장치에 집어넣을 수 있는 기술"이라고 설명하였다.

나노기술은 나노물질(nanomaterial), 곧 지름이 1～100나노미터인 물질을 다룬다. 나노물질로 가장 각광을 받는 것은 탄소나노튜브(CNT)이다. 1991년 일본의 재료과학자가 전자현미경으로 검댕 얼룩에서 처음 발견한 탄소나노튜브는 지름이 1나노미터에 불과하지만 밧줄처럼 다발로 묶으면 인장력이 강철보다 100배 강하다. 따라서 하늘과 지구를 왕복하는 우주 엘리베이터의 꿈을 실현시켜 줄 소재로 각광을 받는다.

또한 1998년 서울대의 임지순 교수는 미국 캘리포니아대와 공동 연구를 하여 탄소나노튜브를 열 개 이상 밧줄처럼 꼬아 합성하면 금

속 성질이 없어지면서 반도체처럼 전기 흐름을 제어할 수 있는 성질을 나타낸다는 사실을 밝혀냈다.

　탄소나노튜브는 뛰어난 여러 특성 때문에 야구 방망이나 골프채 같은 스포츠 용품에서부터 텔레비전과 컴퓨터의 평판 디스플레이 장치까지 전자산업, 생명공학, 보건의료, 에너지 등 다양한 분야에서 신제품을 탄생시킬 것으로 전망된다.

　그런데 2003년 3월 미국화학회에서 황금알을 낳는 거위로 여겨진 탄소나노튜브가 독성을 지니고 있다는 충격적인 보고서가 발표되었다. 과학자들은 탄소나노튜브를 쥐의 폐 조직에 주입한 결과 질식사했다고 밝히고 인체에 치명적인 상처를 입힐 수 있음을 경고했다. 탄소나노튜브는 덩어리일 때는 문제가 없던 물질도 나노 크기의 입자가 되면 독성을 지닐 가능성이 높다는 것을 보여 준 셈이다.

　탄소나노튜브의 독성 문제를 놓고 논란이 확산되고 있는 가운데, 2007년 2월 미 연방정부 환경보호국(EPA)이 발간한 백서는 가령 탄소나노튜브로 만든 야구 방망이가 깨질 때 독성을 지닌 나노입자가 방출되어 물이나 공기를 오염시킬 수 있다고 경고했다. 요컨대 탄소나노튜브는 제품 밖으로 노출될 가능성은 낮지만 높은 독성을 지닌 나노입자라는 잠정적인 결론이 났다. 앞으로 탄소나노튜브를 사용한 제품이 쏟아져 나올 터이므로 환경에 노출될 가능성은 갈수록 높아질 것임에 틀림없다. 탄소나노튜브를 계기로 나노입자가 사람의 건강과 환경에 나쁜 영향을 끼칠지 모른다는 이른바 나노오염의 문제가 대두되었다.

탄소나노튜브는 꿈의 신소재로 불리는 나노물질의 한 가지 사례에 불과할 따름이다. 화장품에서 가전제품까지 나노물질을 활용한 제품이 일상생활에 파고드는 상황에서 나노오염은 사회적 관심사가 되어야 마땅할 것이다.

화장품의 경우, 자외선을 막는 선 스크린(햇볕 타기 방지제) 크림에 산화티타늄의 나노입자가 들어 있다. 미국의 『사이언티픽 아메리칸』 인터넷판은 환경 단체인 '지구의친구들(Friends of the Earth)'이 38개 사의 선 스크린을 분석한 뒤 나노입자를 사용하지 말 것을 요청했다고 8월 20일 보도했다. 한편 은의 나노입자는 휴대전화, 냉장고, 장난감, 도자기, 속옷, 콘돔 등 각종 생활용품에 항균성 피복 재료로 사용되고 있으며, 공기와 물로 배출될 가능성이 높다.

나노물질이 환경오염을 일으킬 조짐이 보이지만 미국 정부조차 아직 이렇다 할 대책을 세우지 못한 실정이다. 영국 주간지 『뉴 사이언티스트』는 7월 14일 자 논설에서 "나노기술이 환경문제의 덫에 걸려 제자리걸음을 하게 될지 모른다."고 우려를 표명했다. (2007년 8월 25일)

이인식의 멋진과학 023
집단 속의 또 다른 나

2004년 4월 이라크에 주둔 중인 미군 병사가 바그다드 근처 감옥에서 이라크 포로들을 짐승처럼 학대하는 동영상이 폭로되어 온 세계가 경악했다. 그는 징역 8년을 선고받고 연금을 몰수당했으며 인간쓰레기 취급을 받았다. 그를 정신이상자로 보는 사람들이 적지 않았다. 그러나 그는 여느 미국인처럼 정상적인 정신 상태의 소유자로 밝혀졌다.

그를 면접한 심리학자인 스탠퍼드대의 필립 짐바르도 교수는 "여러 면에서 이 병사는 미국의 초상(icon)이었다. 그는 좋은 남편이자 아버지였으며 부지런하고 애국심과 신앙심이 깊고 친구들도 많은 지극히 평범한 미국 시민이었다."고 증언했다.

이 사건은 극단적인 경우이지만 개인이 특수한 환경에서 전혀 다른 사람으로 돌변하는 사례를 자주 목격할 수 있다. 가령 축구장에서 응원을 하거나 촛불집회에 참여한 군중들은 보통 때와 달리 거칠게 행동한다. 집단심리가 그들을 그렇게 만드는 것이다.

2004년 이 사건이 일어난 몇 달 뒤 프린스턴대의 수전 피스크 교수는 『사이언스』에 발표한 논문에서, 2만 5,000개의 사회심리학 연구를 분석한 결과 거의 모든 사람이 잘못된 사회적 환경에 처하게 되면 고문 등 흉악한 범죄를 저지를 가능성이 높은 것으로 밝혀졌다고 주장했다.

피스크 교수의 연구는 개인심리학 못지않게 집단심리학이 중요하다는 사실을 일깨워 준다. 집단심리의 본질을 모르고서는 선량한 미군 병사가 이라크 포로를 잔혹하게 고문하는 괴물로 둔갑하고, 평범한 이슬람 청년들이 9·11 테러의 자살 특공대처럼 목숨을 기꺼이 던지는 까닭을 이해할 수 없기 때문이다.

집단심리학에서 가장 유명한 연구 성과는 1971년 짐바르도 교수가 스탠퍼드대에서 실시한 교도소 실험이다. 그는 대학생들을 죄수와 간수로 나누었다. 누가 죄수가 되고 간수가 될지는 동전을 던져 무작위로 결정했다. 죄수가 된 학생들은 건물 지하에 임시로 만든 감방으로 들어갔다. 실험은 2주 동안 진행될 예정이었다.

그러나 6일째 되는 날 실험을 중단하지 않으면 안 되었다. 임시 교도소에서 폭동이 일어났기 때문이다. 죄수 학생들은 감방의 물건을 모조리 내동댕이쳤고, 잠긴 문 저쪽의 간수 학생들이 어떤 진압 작전을 펼칠지 불안해했다. 이윽고 간수들은 소화기를 분사하며 죄수들을 제압했다. 간수들은 죄수들에게 보복하기 시작했다. 굴욕적인 노동을 시키고 정신적인 고문을 가한 것이다.

스탠퍼드 교도소 실험에 참여한 사람들은 모두 충격을 받았다. 간수 역할을 맡은 학생들은 죄수들에게 증오심을 갖고 야만적으로 대했던 사실이 스스로 믿기지 않았다. 죄수 역할을 맡은 학생들은 실험 도중에 찾아온 신부더러 부모에게 감금 사실을 알려 보석금으로 빼내 줄 것을 부탁했던 일을 떠올리며 경악했다.

짐바르도 교수는 평범한 학생들로 구성된 간수 집단이 6일 만에 빠른 속도로 폭력적인 행동을 나타내는 것을 보고 두 가지 결론을 얻었다. 첫째, 개인이 집단의 익명성 뒤로 숨을 때는 자제력을 잃고

도덕적 판단 능력을 상실하기 때문에 집단이란 본질적으로 위험한 것이다. 둘째, 개인이 집단에 들어가서 힘을 갖게 되면 야생동물처럼 난폭해지고 멋대로 군다.

2007년 3월 하순 짐바르도 교수는 『루시퍼 효과 *The Lucifer Effect*』라는 책을 펴냈다. 부제는 '선량한 사람이 악인으로 바뀌는 과정의 이해'이다. 그는 이 책에서 집단심리의 긍정적인 측면으로 관심을 확대했다. 이를테면 영웅을 만드는 요인을 분석하고, 우리가 집단의 영향하에 악행을 일삼는 보편적 성향 못지않게 패거리의 압력에 저항해서 올바른 일을 하는 보편적 능력을 갖고 있다는 사실을 밝혀낸 것이다.

그는 "영웅들에게 특별한 게 있는 것이 아니다. 그들은 그 순간 그런 행동을 선택했을 뿐이다."라고 말한다. 누구나 괴물이 될 수도 있고 영웅이 될 수도 있다는 것이다. 그 좋은 예가 바그다드에서 동료의 만행을 폭로한 미군 병사이다. 위험을 불사하고 영웅적인 행동을 감행했지만 지극히 평범한 사람이었다. 그는 현재 옛 전우들의 보복이 두려워 숨어 살고 있다. (2007년 9월 1일)

이인식의 멋진과학 024
자선은 공작새의 꼬리일까

미국 역사상 가장 많은 돈을 자선단체에 기부한 인물은 워런 버핏이다. 세계 2위의 부자인 버핏은 자기 재산의 85퍼센트를 사회에 환원하기로 했다. 이 중 80퍼센트는 세계 1위 부자인 빌 게이츠 부부가 만든 세계 최대의 자선단체에 내놓았다. 「USA 투데이」가 2월 27일 보도한 20억 달러 이상 기부자 명단에 따르면 버핏(435억 달러)에 이어 2위는 빌 게이츠 부부(300억 달러), 3위는 존 록펠러(70억 달러)로 나타났다. 헨리 포드 부자는 6위, 앤드루 카네기는 7위를 차지했다.

버핏은 학창 시절 신문 배달을 했으며 12달러짜리 이발소에서 머리를 깎고 중고차를 몰고 다닐 만큼 검소하다. 록펠러, 포드, 카네기도 돈을 벌 때는 피도 눈물도 없이 악착같았지만 성공한 다음에는 사회를 위해 아낌없이 베풀었다. 그들의 아름다운 기부 행위는 미국식 자본주의를 떠받치는 기업가정신으로 칭송되지만 인간의 이타적 행동을 연구하는 과학자들을 곤혹스럽게 만든다. 이타적 행동을 분석한 표준 이론인 혈연선택과 상호 이타주의로는 설명이 불가능하기 때문이다. 혈연선택 이론에 따르면 혈연으로 맺어진 개체들은 구성원들이 공유한 유전자를 영속시키기 위해 가까운 친척에게 이타적인 혜택을 베푼다. 한편 상호 이타주의 이론의 기본은 '네가 나의 등을 긁어 주면 내가 너의 등을 긁어 준다.'는 식의 호혜적 행동이다. 그렇다면 미국의 갑부들이 피 한 방울 섞이지 않고 물질적 보답도 기대하기 어려운 낯선 사람들을 위해 고생해서 번 돈을 선뜻 기부하는 이유가 궁금하지 않을 수 없다.

자선 행위는 물론 돈 많은 기업가들만의 전유물은 아니다. 일반 시민들도 서울역 광장에서 헌혈을 하고, 성탄절이면 양로원에 선물을 보낸다. 이러한 제3의 이타적 행동은 인간이 이기적인 측면이 강함과 동시에 더불어 살 줄 아는 지혜를 가진 동물임을 보여 준다. 자선 행위의 수수께끼를 풀기 위해 행동경제학자와 진화심리학자들이 다양한 이론을 제안하고 있다. 미국 뉴멕시코대의 제프리 밀러 교수도 그 중의 한 사람이다.

진화심리학자인 밀러는 2000년 펴낸 『짝짓기 하는 마음 *The Mating Mind*』에서 자선이 성적 과시를 위해 진화된 것이라고 주장했다. 그는 이 책에서 "20세기의 과학은 오로지 자연선택만으로 마음의 진화를 설명하려고 무던히도 애를 썼다."면서 "짝 고르기를 통한 성선택

(sexual selection)이 인간 마음의 진화에서 무시되었다."고 지적했다. 자연선택 이론은 생물이 생존경쟁에서 이기려면 환경에 적응하는 능력을 갖춰야 한다는 의미이지만, 성선택 이론은 동물이 자손을 얻기 위해 짝을 찾으려고 경쟁하며 진화했다고 본다. 밀러는 자연선택으로는 인류의 조상들이 낮에 부딪혔던 생존 문제밖에 설명하지 못하므로 성선택으로 그들이 밤에 겪었던 짝짓기의 고민을 풀지 못하면 인간의 마음을 제대로 이해할 수 없다고 주장한다. 특히 자선이 진화된 이유를 설명하면서 "록펠러 재단은 록펠러에게 공작새의 꼬리와 같았다."고 표현했다.

　공작 수컷이 지닌 화려하고 긴 꼬리는 성선택의 상징적인 사례이다. 1975년 이스라엘의 아모츠 자하비는 장애 이론(handicap theory)으로 수컷 공작이 생존에 장애가 되는 꼬리를 달고 있는 까닭을 설명했다. 긴 꼬리는 수컷이 핸디캡을 극복할 능력, 곧 우수한 유전적 자질을 갖고 있음을 암컷에게 확인시켜 주는 증거이기 때문에 암컷이 그런 수컷과의 짝짓기를 선호한다는 것이다. 이를테면 수컷의 긴 꼬리는 짝짓기를 위해 자신의 능력을 과시하는 성적 장식으로 진화된 셈이다. 경제학의 과시적 소비(conspicuous consumption)와 일맥상통하는 개념이다. 1899년 시카고대의 소스타인 베블런 교수는 사람들이 비싼 사치품으로 장식하여 자신의 재력을 과시하려는 성향이 농후하다고 주장했다.

밀러는 『인성과 사회심리학 저널Journal of Personality and Social Psychology』 7월호에 발표한 논문에서 자신의 '짝짓기 마음' 가설이 실험을 통해 뒷받침되었다고 주장하였다. 인간의 자선 행위가 성적인 과시 본능에서 진화되었다면, 남자들이 여자를 유혹할 때 선심 공세를 펼치는 심리를 알 것도 같다. (2007년 9월 15일)

'몸을 떠난 나' 유체 이탈

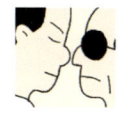

　고대 이집트의 무덤 벽화에는 사람의 얼굴을 가진 작은 새가 시체의 머리 위를 떠도는 모습이 새겨져 있다. 이집트인들은 죽음의 순간에 영혼의 새가 육체를 떠나지만 언젠가는 다시 주검과 결합하게 된다고 믿었다. 이러한 믿음은 수천 년 동안 여러 문화에 퍼져 있었다.
　육체와 별개의 것으로 여겨진 영체(astral body)가 육체로부터 분리되는 것을 체험하는 현상을 '유체(幽體) 이탈 경험'(OBE: out-of-body experience)이라 이른다. 한마디로 유체 이탈 경험은 사람의 의식이 일시적으로 육체에서 빠져나가는 순간을 느끼는 체험이다.
　플라톤, 아리스토텔레스, 성 아우구스티누스, 괴테 등 수많은 인물들이 자신의 유체 이탈 경험을 글로 남겼다.

유체 이탈 경험은 대개 몇 초에서 몇 분까지 지속된다. 침대에서 쉬거나 사무실에 앉아 있을 때 특별한 이유 없이 자발적으로 일어나기도 하지만, 정신적 충격을 받거나 죽음이 찾아온 아득한 순간에 자주 발생한다. 어떤 환자는 마취 상태로 수술을 받는 동안에 의사들의 머리 위에서 내려다본 자신의 수술 장면을 설명하기도 한다. 유체 이탈 경험은 대부분 제한된 장소에서 발생하지만 멀리 떨어진 곳의 상황을 생생하고 정확하게 묘사하는 사례도 적지 않다. 예컨대 수술을 받는 도중에 육체를 떠난 의식이 병실 밖으로 빠져나가 의사와 간호사가 복도에서 은밀하게 나눈 이야기를 엿듣고 돌아온 사례가 보고되었는데, 무의식 상태에서 환자가 들은 대화 내용이 당사자들에 의해 사실인 것으로 확인되었다. 요컨대 유체 이탈 경험은 의식

또는 영혼이 육체와 독립된 존재로 여겨지는 심령현상이다. 심령현상이란 심령, 곧 마음속의 영혼에 의해 나타나는 신비롭고 불가사의한 현상이다.

인류는 수천 년 동안 이러한 심령현상을 경험했으나 과학의 테두리 안에서 이해하지 못했다. 과학은 어떤 현상이 발견되었다면 다른 사람들도 동일한 과정을 통해 유사한 결과를 얻을 수 있는 것으로 전제하지만, 유체 이탈 경험과 같은 심령현상은 본질적으로 반복해서 실험을 했을 경우 유사한 결과가 나올 가능성이 높지 않기 때문이다. 그러나 21세기 들어 뇌의 연구가 활발해지면서 유체 이탈 경험의 수수께끼에 도전하는 과학자들이 나타나기 시작했다. 대표적인 인물은 스위스 제네바 대학 병원의 신경과학자인 올라프 블랑크 박사이다.

2002년 『네이처』 9월 19일 자에 발표한 논문에서 블랑크는 11년간 간질병을 앓은 43세 여성의 뇌 안에서 측두엽을 전기적으로 자극한 결과, 그 여성이 "병상에 누워 있는 내 몸이 보인다."며 유체 이탈 경험을 털어놓았다고 밝혔다. 2004년 『브레인Brain』 2월호에 게재한 논문에서는 뇌가 손상된 환자 6명을 연구한 결과 측두엽과 두정엽을 잇는 부위가 손상되면 의식이 몸을 떠나는 느낌을 체험하게 된다고 주장했다.

2007년 『사이언스』 8월 24일 자에 실린 논문에서 블랑크는 처음으로 건강한 사람으로부터 유체 이탈의 느낌을 끌어내는 실험에 성공했다고 보고했다. 같은 날짜의 『사이언스』에 스웨덴의 헨리크 에르슨 박사가 역시 유사한 실험을 실시했다는 논문이 나란히 실렸다. 두 사람은 가상현실(VR) 기법을 이용해 유체 이탈 경험을 인위적으로 흉내 낸 것으로 밝혀졌다. 가상현실은 컴퓨터가 창출한 3차원 환경을 현실 세계인 것처럼 착각해서 경험하도록 하는 기술이다. 가상현실로 들어가려면 특수 안경이 달린 헬멧을 써야 한다. 블랑크와 에르슨은 가상현실용 헬멧을 씌우고 실험을 한 결과 사람들이 자신의 몸을 멀리서 바라보는 느낌을 가질 수 있었다고 주장했다. 이들의 연구는 시각 및 촉각 기능을 교란하여 뇌에 일시적 착란을 유발시키는 것만으로도 유체 이탈 경험이 일어날 수 있음을 보여 준 셈이다.

두 사람의 연구 성과는 공학적으로 다양하게 활용될 전망이다. 자신이 몸으로부터 멀리 떨어진 곳에 존재한다는 착각을 응용하면 컴퓨터 게임, 인터넷을 통한 원격 수술, 우주 로봇의 원격조종 기술을 향상시킬 것으로 기대된다.

영국 주간지 『이코노미스트』는 8월 25일 자에서 블랑크와 에르슨의 실험은 인간의 의식 연구에 돌파구를 마련했으므로 노벨상을 타지 말란 법이 없다고 높이 평가했다. (2007년 9월 22일)

종교는 왜 존재하는가

　신을 부정하고 종교를 비판하는 책들이 미국에서 베스트셀러가 되고 있다. 2004년 미국의 신진 철학자인 샘 해리스가 펴낸 『신앙의 종말 The End of Faith』을 비롯해서 2006년 2월 인지과학자인 미국 터프츠대의 대니얼 데닛이 내놓은 『주문 깨기 Breaking the Spell』, 같은 해 9월 진화생물학자인 영국 옥스퍼드대의 리처드 도킨스가 저술한 『만들어진 신 The God Delusion』, 2007년 5월 영국의 저널리스트인 크리스토퍼 히친스가 출간한 『신은 위대하지 않다 God is not Great』와 같은 문제작들이 꽤나 잘 팔리고 있다.

　이러한 책들은 한결같이 종교를 경멸하고 신을 조롱한다. 종교는 일종의 폭력 행위이며(해리스), 나쁜 역할도 많이 했고(데닛), 한마디로

터무니없는 생각일 따름인 데다가(도킨스), 인류 역사에 지은 죄가 헤아릴 수 없이 많다(히친스)고 주장한다. 심지어 히친스는 성경이 인종청소, 노예제도, 대량 학살의 명분을 제공해 왔다고 맹공 한다.

특히 무신론자의 대표 격인 도킨스 교수는 저술 활동에 머물지 않고 행동에 옮기기도 한다. 그의 웹사이트에서는 무신론자를 뜻하는 영어(Atheist)의 첫 글자가 주홍색으로 인쇄된 티셔츠를 판매할 정도이다. 또한 무신론자들에게 '커밍아웃'을 요구하고 있다. 커밍아웃은 본래 밀실 밖으로 나와 주변 사람들에게 자신이 동성애자임을 밝히는 행위를 뜻하는 용어이다. 도킨스는 무신론자들이 서로 연대하여 종교를 공격하는 집단행동에 나서야 한다고 주장한다.

종교 무용론 내지는 유해론을 뒷받침하는 가장 핵심적인 논거는 인류가 도덕관념을 본성으로 지니고 있다는 것이다. 2006년 8월 인지 심리학자인 하버드대의 마크 하우저가 펴낸 『도덕적 마음Moral Minds』 은 사람이 태어날 때부터 뇌 안에 옳고 그름을 따지는 능력을 갖고 있다고 주장한다. 사람이 도덕성을 타고나는 존재라면 신의 이름으로 악행을 일삼는 종교가 구태여 존재할 필요가 없다는 것이 무신론자들의 공통된 견해이다.

그러나 종교가 인간의 도덕성에 미치는 영향을 분석한 학자들은 무신론자들의 주장에 오류가 있음을 밝혀냈다. 가령 2007년 『심리과학Psychological Science』 9월호에 실린 연구 논문에서 심리학자인 캐나다 브리티시컬럼비아대의 아짐 샤리프 교수는 종교적인 개념이 종교를 믿지 않는 사람들에게도 도덕적으로 행동하게끔 영향을 미치는 것으로 확인되었다고 발표했다.

물론 무신론자들의 주장처럼 인간은 도덕적인 존재가 되기 위해 반드시 종교를 필요로 하지는 않는다. 하지만, 거의 모든 문화에서 종교는 번창하고 있다. 그 이유를 탐구하는 전문가들의 견해가 영국 주간지 『뉴 사이언티스트』 9월 1일 자 커버스토리에 소개되었다. 먼저 영국 퀸즈대의 인지과학자인 제시 베링은 종교와 도덕성 모두 진화의 산물이라고 말한다. 도덕성은 종교에서 생겨난 것이 아니며, 종교와 도덕성이 별도로 진화했다는 것이다. 뉴욕 주립대의 진화생물학자인 데이비드 슬론 윌슨 교수 역시 집단의 응집력을 높이기 위해 종교와 도덕성이 함께 진화했다고 말한다. 버지니아대의 심리학자인 조너선 하이트 교수도 인류가 도덕적 본성을 진화시키는 데 있어 종교가 중요한 역할을 했음을 인정한다.

  요컨대 이들은 종교를 도덕적 행위의 유일한 근원으로 보지 않고, 종교와 도덕 둘 다 인간의 뿌리 깊은 본성이라고 믿고 있는 것이다. 따라서 인간은 도덕적인 삶을 살기 위해 반드시 종교가 필요한 것은 아니지만, 종교가 없이는 도덕성이 결코 진화할 수 없었다는 결론에 도달하게 된다. 또한, 일부 신경과학자들은 성직자들이 자신을 초월하는 신비체험을 할 때 뇌에 비정상적인 변화가 일어나는 현상을 발견하고 신이 인간의 뇌 안에 존재한다고 주장한다.

  이런 맥락에서 『뉴 사이언티스트』의 커버스토리는 "많은 사람들이 무신론이 유일한 합리적 방법이라고 생각할지라도 우리는 종교가 인류 진화의 역사에서 중추적인 역할을 했다는 사실을 인정해야 한다. 종교는 아직도 도덕적 가치를 강화하며 우리의 타고난 도덕관념과 함께 작용하고 있다."고 마무리했다. (2007년 10월 6일)

이인식의 멋진과학 027
강박신경증 환자 적지 않다

　세균에 감염되는 것이 두려워 지나치게 자주 손을 씻거나 목욕을 한다. 집 안 청소를 하루에도 수십 차례 해야만 직성이 풀린다. 자동차 운전 중에 아무 일도 없었는데 사람을 치었다고 착각해서 현장을 기웃거리며 사고의 흔적을 찾아내려고 한다. 이처럼 특정한 행동을 끊임없이 반복해야만 안정감을 느끼거나, 어떤 생각에 몰두하여 떨쳐 버리지 못하는 상태를 강박신경증(OCD: obsessive-compulsive disorder)이라고 한다.
　강박신경증에 걸린 사람은 집요하게 망상에 사로잡히거나 충동적인 행동을 한다. 대개 인구의 2퍼센트가 강박신경증으로 고통 받는 것으로 알려졌다. 미국 시사 주간지 『타임』 8월 13일 자의 특집 기사에 따르면 미국의 강박신경증 환자는 700만 명에 이른다. 가족 중의 한 명이 그런 증상을 나타내면 온 식구가 불행해지는데, 그 진단과 치료에도 오랜 시간이 소요되는 것으로 드러났다. 우선 강박신경증이 우울증, 주의력결핍과잉행동장애(ADHD), 자폐증 따위로 잘못 인식되기 때문에 증상이 발생하여 정확한 진단이 내려질 때까지 평균 9년이 걸린다는 것이다. 게다가 치료하는 데 추가로 평균 8년이 필요한 것으로 밝혀졌다. 말하자면 증상이 발생하여 치료될 때까지 평균 17년이나 소요되는 행동장애이다.

강박신경증의 원인에 대한 연구는 뇌와 유전자 양쪽에서 진행되고 있다. 뇌의 경우, 전두엽 피질, 시상, 미상핵(尾狀核, caudate nucleus) 등을 연결하는 행동 제어 회로가 불안정하면 강박신경증이 나타나는 것

으로 여겨진다. 한편 강박신경증 역시 다른 정신질환과 마찬가지로 유전적인 성향이 매우 강한 것으로 밝혀졌다. 1997년 록펠러대 연구진은 유전자의 돌연변이가 원인일 것이라는 연구 결과를 발표했다. 2000년 토론토대 연구진은 신경전달물질인 세로토닌과 관련된 유전자가 변이되어 있는 것을 발견했다. 강박신경증 환자는 뇌 안의 세로토닌 농도가 정상치에 비해 아주 낮다. 2006년 여름 존스홉킨스대의 연구진들은 강박신경증 발생과 관련된 것으로 보이는 유전자를 여러 개 찾아냈다. 2007년 듀크대의 연구진들은 『네이처』 8월 23일 자에 생쥐의 뇌 안에서 사람처럼 강박장애를 일으키는 유전자 한 개를 발견했다는 논문을 발표했다. 이 생쥐는 유달리 가려워하고 충동적으로 털을 만지작거리며 안절부절못했다.

강박신경증에는 투렛 증후군(Tourette's syndrome)도 포함된다. 2,000명에 한 사람꼴로 발병하는 투렛 증후군 환자들은 이른바 틱(tic) 증세를 보인다. 고개를 까딱거리기도 하고, 발을 질질 끌거나 깡충대기도 하며, 혀를 빼물거나 외설스러운 단어를 내뱉기도 한다. 강박신경증을 투렛 증후군의 약한 형태로 보는 견해가 지배적이다.

강박신경증을 일으키는 원인이 아직 완전히 규명된 상태는 아니지만 심리적 요인과 생리적 요인이 복합적으로 작용한 결과라는 데는 의견의 일치를 보고 있다. 따라서 심리요법과 약물 치료가 함께 실시되고 있다. 심리요법으로는 노출반응예방(ERP: exposure and response prevention)이라 불리는 행동요법이 권장된다. 강박신경증 환자에게 불안의 원인을 회피하지 말고 적극적으로 찾아보도록 해서 결국 그러한 자극에 둔감하게 만드는 치료법이다.

심리요법으로 치료를 시작한 환자에게는 약물 치료가 큰 도움이 된다. 주로 항우울제처럼 뇌 안에서 세로토닌의 수준을 인위적으로 끌어올리는 약물을 투여한다. 심리요법과 약물 치료가 실패하면 최후의 수단으로 뇌심부 전기자극술(DBS: deep-brain stimulation)을 고려한다. 2007년 8월, 6년 동안 식물인간과 다름없는 상태에 있던 미국 남자의 뇌에 전류를 흘려보내 뇌 기능 일부를 회복했다고 해서 세계 언론의 주목을 받았던 전기경련요법이다. 뇌심부 전기자극술을 강박신경증 치료에 적용하는 문제는 미국 식품의약품국(FDA)의 판정을 기다리고 있는 상태이다.

우리는 누구나 한 번쯤 강박신경증 환자가 된다. 사랑에 빠지는 순간 온종일 애인만을 생각하는 일에 몰두하기 때문이다. 연애 초기의 사람들은 강박신경증 환자처럼 뇌 안의 세로토닌 수치가 평균보다 40퍼센트 낮은 것으로 밝혀졌다. (2007년 10월 13일)

생태계 서비스 전략

 지난 9월 중순 스위스에 본부를 둔 세계자연보전연맹(IUCN)은 멸종 위기에 처한 생물 1만 6,306종의 목록을 발표했다. 어류의 39퍼센트, 포유류의 20퍼센트, 조류의 12퍼센트가 포함된 것으로 알려졌다. 이 목록은 생물다양성(biodiversity)의 위기를 단적으로 보여 준 셈이다.
 지구의 구석구석에 생물이 살지 않는 곳이 없다. 사막에서 남극대륙, 산호초, 바닷물이 드나드는 늪지, 열대우림에 이르기까지 모든 서식지에서 식물과 동물이 독특한 조합을 이루며 살아가는 것을 생물다양성이라 한다. 지구의 생물다양성은 3개 수준으로 형성된다. 맨 위는 생태계이다. 열대우림, 호수, 산호초와 같은 것들이다. 그다음은 생태계를 구성하는 생물의 종이다. 꽃, 나비, 물고기 같은 동식물이

다. 물론 인류도 생물 종의 하나일 따름이다. 생물다양성의 밑바닥에는 생물의 유전자가 자리한다.

생물다양성이 급속도로 훼손되면서 멸종 위기에 처한 종이 갈수록 늘어나는 까닭은 무엇보다 서식지가 파괴되기 때문이다. 가령 지구 전체 생물 종의 절반 이상이 살고 있는 것으로 추정되는 열대우림의 파괴가 현재 속도로 진행된다면 인류가 여섯 번째의 대량 멸종을 피할 수 없을 것이라는 주장이 제기되었다.

생물다양성을 보전하는 핵심 접근 방법으로는 위험지역(hot-spot) 전략이 채택되었다. 1988년 옥스퍼드대의 노먼 마이어스 교수가 제안한 위험지역 개념은 많은 종류의 식물이 살면서 멸종될 위험이 큰 지역을 선정해서 보호하는 것이다. 현재 25곳이 위험지역으로 지정되어 국립공원이나 특별 보존 지역으로 관리되고 있다.

그러나 멸종 위기에 처한 생물이 줄어들지 않음에 따라 위험지역 전략은 실패한 것으로 간주되고 있다. 위험지역 전략은 인류가 마땅히 생태계를 보존해야 한다는 도덕적 당위성에 호소한다. 하지만 사람들이 대부분 도시에서 경제생활을 하기 때문에 자신이 생태계의 일부라는 관념이 희박하고, 생물다양성 보존 문제는 남의 일로 치부하는 경향이 농후한 것으로 나타났다. 요컨대 위험지역 전략은 많은 사람들의 협조를 끌어내지 못해 실패할 수밖에 없었다는 것이다.

이러한 상황에서 위험지역 전략의 대안으로 생태계 서비스(ecosystem services) 패러다임이 부상하기 시작했다. 생물학자인 스탠퍼드대의 폴 에를리히 교수가 창안한 생태계 서비스 전략은 자연보존에 경제 개념을 도입한 것이다. 이 전략은 생태계가 인류에게 제공하는 서비스를 경제적 가치로 환산하여 제시하면 많은 사람들이 생물다양성 보존에 관심을 두게 될 것이라고 기대한다. 2001년 유엔은 1,300여 명의 과학자가 참여한 생태계 서비스 연구에 착수했다. '새 천 년 생태계 평가'(Millennium Ecosystem Assessment)로 명명된 이 연구는 생태계 서비스를 네 종류로 분류하고, 지난 50년간 인류가 생태계 서비스에 미친 영향을 분석했다. 네 가지 생태계 서비스로는 토양 형성 등 생태계의 기본 기능을 비롯한 식량과 자원의 공급, 홍수나 기후의 조절, 문화적 혜택이 열거되었다.

생태계 서비스 전략은 스탠퍼드대의 그레첸 데일리와 자연관리위원회(TNC)의 피터 카레이바가 주도하고 있다. 이들은 생태계 서비스

의 경제적 이득을 해당 지역의 행정기관과 산업계에 알리면 생태계의 보전에 동참하게 될 것이라고 확신하고, 2006년 '자연 자본 프로젝트'(Natural Capital Project)를 시작했다. 스탠퍼드대, 자연관리위원회, 세계자연보호재단(WWF)이 공동으로 착수한 이 프로젝트는 생태계 서비스의 원칙을 생물다양성이 위협받고 있는 4개 지역에 적용할 계획이다. 하와이 섬, 캘리포니아의 시에라네바다 산맥, 탄자니아의 이스턴 아크 산맥, 중국의 양쯔 강 상류 지역이 포함된다.

카레이바는 『사이언티픽 아메리칸』 10월호에 기고한 글에서 "자연 보호 노력은 생물의 멸종을 막는 데 머물지 않고 생태계 서비스 개념처럼 인류의 건강과 복지 증진에 기여해야 한다."고 역설한다. 그러나 생태계 서비스 전략이 자연을 상품화한다는 비판의 목소리도 만만치 않아 뜨거운 논쟁이 전개될 조짐이다. (2007년 10월 20일)

이인식의 멋진과학 029
로봇 자동차가 달려온다

　오는 11월 3일 미국에서 역사적인 로봇 자동차 경주 대회가 열린다. 미국 국방부(펜타곤)가 개최하는 이 대회의 명칭은 '다르파 도시 도전'(DARPA Urban Challenge)이다. 미군 최고의 과학 연구기관인 다르파(방위고등연구계획국)는 전투에 필요한 첨단 기술 프로젝트에 자금을 지원하며, 이렇게 개발된 원천기술은 대부분 기업으로 넘겨져 상용화되어 세계시장을 주도하고 있다.

　로봇 자동차는 펜타곤이 심혈을 기울여 개발하는 무인 병기의 일종이다. 대표적인 무인 병기로는 무인 항공기와 무인 지상 차량을 꼽을 수 있다. 1985년부터 연구에 착수한 무인 지상 차량은 전쟁터에서 사람의 도움을 전혀 받지 않고 자율적으로 굴러다니면서 스스로 정찰 임무를 수행하고, 장애물을 피해 나가면서 목표물을 공격할 수 있는 로봇 자동차이다.

무인 지상 차량의 출현은 전투 자동화 또는 전쟁 무인화가 현실로 다가오고 있음을 상징적으로 보여 준다. 미국 의회는 2015년까지 지상 전투 차량의 3분의 1을 무인화 하도록 법률로 규정했다. 머지않아 싸움터에서 사람이 사라지고 감정이 없는 무자비한 로봇 병기가 주역으로 등장할지 모른다. 이처럼 군사 활동의 컴퓨터 의존도가 증대함에 따라 자동화된 병기에 대한 인간의 통제가 불가능해질수록 그만큼 작전사령관도 모르는 사이에 컴퓨터의 지시로 전투가 발발할 개연성을 배제할 수 없게 되었다. 따라서 일각에서는 무공훈장이 병사보다는 로봇공학 전문가, 나아가서는 보고 듣고 움직일 줄 아는 살인 로봇의 몫이 될 것이라고 비꼰다.

펜타곤은 로봇 자동차의 개발을 지원하고 독려하기 위해 2004년 3월 13일 '대단한 도전'(Grand Challenge) 대회를 열었다. 출전 자격은 스스로 속도와 방향을 결정해서 달리는 무인 차량에게만 주어졌다. 모양과 성능이 다른 25종의 자동차가 참가했다. 이들은 우승 상금 100만 달러를 거머쥐기 위해 로스앤젤레스에서 라스베이거스에 이르는 483킬로미터의 모하비 사막을 10시간 안에 완주해야 했다. 상세한 코스는 대회 시작 두 시간 전에야 공개되었다. 결승선을 통과하기는커녕 코스의 5퍼센트 이상을 내달린 차량조차 나타나지 않았다.

2005년 10월 8일 펜타곤은 '대단한 도전' 대회를 다시 개최했다. 네바다 주 모하비 사막을 10시간 안에 212킬로미터 횡단하는 경주

였다. 우승 상금은 200만 달러로 올랐다. 23대가 출전했는데 무려 5대가 결승선에 도착했다. 우승은 평균 시속 30.7킬로미터로 6시간 54분 만에 완주한 '스탠리(Stanley)'에게 돌아갔다. 스탠퍼드대에서 만든 스탠리는 폴크스바겐을 개조한 것으로 지구위치측정위성(GPS) 시스템 수신기, 레이저 거리 측정 장치, 레이더, 스테레오 카메라, 각종 센서와 함께 랩톱컴퓨터 7대가 장착되었다.

11월 3일 열리는 '다르파 도시 도전' 대회는 그 무대를 사막에서 대도시로 옮겨 실시된다. 무인 자동차들은 도시를 흉내 내서 만든 96킬로미터(60마일) 구간을 6시간 내에 완주해야 한다. 실제 도로처럼 코스에는 건물과 가로수 등 장애물이 나타나는데, 다른 차량들과 뒤섞여 교통신호에 따라 주행하면서 제한속도를 지키는 등 교통법규도 준수하고 잠깐 동안 주차장에도 들어가야 한다. 사람이 거리에서 차를 운전할 때와 거의 똑같은 조건에서 우승하는 무인 자동차가 나타날지 벌써부터 궁금하지 않을 수 없다.

10월 25일 다르파가 선정한 35개 차량이 대회가 열릴 장소인 캘리포니아 빅터빌에 집결한 것으로 알려졌다. 이 중에는 스탠퍼드대에서 만든 '주니어'도 들어 있다. 이들은 10월 26일부터 31일까지 일종의 예선전을 거치게 된다. 상금도 3등까지 수여되므로 경쟁이 더욱 치열할 것 같다. 우승자는 200만 달러, 2등은 100만 달러, 3등은 50만 달러를 받게 된다. 2030년쯤 사람의 도움을 받지 않고 거리를 누비는 승용차가 나타나게 되면 운전대를 잡을 필요가 없으므로 출퇴근을 하면서 차 안에서 다른 일을 처리할 수 있을 것이다. 얼마나 많은 사람이 운전하는 즐거움을 자동차에 기꺼이 양보할지는 두고 볼 일이다. (2007년 10월 27일)

이인식의 멋진과학 030

우생학의 망령

지난 10월 25일 세계적인 유전학자인 미국의 제임스 왓슨(79)이 1968년부터 40년 가까이 몸담았던 암 연구기관인 콜드 스프링 하버 연구소(CSHL)를 그만두었다. 왓슨은 1953년 25살 때 프랜시스 크릭과 함께 유전자의 본체인 디옥시리보핵산(DNA)의 분자구조를 밝혀낸 공로로 1962년 노벨상을 받았으며 인간게놈프로젝트를 주도한 거물이다.

왓슨의 퇴진을 두고 뒷말이 무성하다. 영국「선데이 타임스」10월 14일 자 인터뷰 기사가 빌미가 되었기 때문이다. 그는 9월에 발간된 저서인『지루한 사람을 피하라 Avoid Boring People』를 홍보하기 위해 런던에 가서 "아프리카의 장래에 대해 비관적인 생각을 갖고 있다. 왜냐

하면 서방의 사회정책은 흑인과 백인의 지능이 동등하다고 전제하지만 사실은 그렇지 않기 때문"이라고 말했다. 그의 저서에도 흑인들이 백인들보다 지능이 열등하다고 주장한 대목이 나온다.

왓슨이 사회적 물의를 빚은 발언을 한 것은 이번이 처음은 아니다. 1997년 「선데이 텔레그래프」에는 "만일 배 속의 태아가 동성애자로 판명된다면 산모에게 낙태할 권한이 주어져야 한다."는 그의 말이 대서특필되었다. 그 밖에도 깜짝 놀랄 만한 발언을 곧잘 했다. 비키니를 입은 여인과 베일을 쓴 아랍 여인의 사진을 보여 주면서 햇빛에의 노출이 성적 충동과 관계가 있으므로 서양 여자들이 애인으로 라틴계 사내를 선호하는 것이라고 주장했다. 그는 유전자 검사를 해서 머리 나쁜 아기가 태어나는 것을 막아야 한다고도 말했다.

왓슨이 이번에 흑인 비하 발언을 한 것은 그가 우생학에 경도되었음을 보여 준다. 우생학은 소극적 우생학과 적극적 우생학으로 나뉜다. 전자는 생물학적 부적격자, 이를테면 정신이상자, 저능아 또는 범죄자를 집단으로부터 조직적으로 제거하려는 시도인 반면에 후자는 생물학적으로 우수한 형질을 가진 적격자의 수를 늘리려는 연구이다. 우생학은 20세기 초반부터 대부분의 국가, 특히 미국의 공식적인 정부 정책으로 채택되었다. 범죄, 빈궁 및 사회악에 대한 만능 약으로서 호소력이 대단했기 때문이다. 미국의 지배층은 하층민을 생물학적 열등자로 몰아붙여 그들에게 사회악의 모든 책임을 전가시킴으로써 자신들의 기득권 수호를 위해 공권력을 임의로 행사할 수 있다고 생각했던 것이다. 그러나 독일의 아돌프 히틀러가 "고등 인종인 아리아 민족의 피가 하등 인간의 피와 섞여서는 안 된다."고 주장하며 유대인, 집시, 러시아인을 수천만 명 학살함에 따라 미국의 우생학 운동은 숨을 죽였다.

하지만 일부 노벨상 수상자들은 우생학을 지지하는 발언을 멈추지 않았다. 프랜시스 크릭은 "어떤 신생아를 막론하고 유전적 자질에 대한 검사를 받기까지는 인간으로서 인정되어서는 안 된다. 그 검사에서 실격하면 생존권을 박탈할 수밖에 없다."고 주장했다. 1954년 노벨 화학상을 탄 라이너스 폴링은 "젊은이는 모름지기 각자의 유전자형을 나타내는 문신을 이마에 새겨야 한다. 그러면 무서운 유전병의 유전자를 가진 사람과 사랑에 빠지는 불행을 막을 수 있다."고 말했다. 1956년 노벨 물리학상을 받은 윌리엄 쇼클리는 지능이 낮은 사람들이 자손을 많이 퍼뜨려 인류의 지능 수준을 저하시키므로 지능지수가 100 미만인 사람들은 아기를 낳지 못하도록 거세시켜야 한다는 극단적인 주장을 펼치기도 했다.

우생학에서 가장 논란거리가 되는 것은 지능의 유전성 여부이다. 1994년 10월 출간된 『종형곡선 *The Bell Curve*』이 미국 사회를 발칵 뒤집어 놓은 것도 그 때문이다. 지능지수로 사람을 나누면 그 분포가 종 모양을 이룬다는 전제하에 저능아의 대부분이 흑인이라고 주장하여 베스트셀러가 되었다. 왓슨은 『종형곡선』의 주장을 확대 재생산한 셈이다.

왓슨의 인종차별적인 발언에 여론의 비난이 빗발친 까닭은 유전공학이 발달할수록 우생학의 망령이 되살아나서 인류를 불행하게 만들지도 모른다고 우려하는 사람들이 적지 않기 때문인 것 같다. 경제 능력에 따라 유전자가 보강된 슈퍼인간과 그렇지 못한 자연인간으로 인류 사회가 양극화되지 말란 법이 없을 테니까. (2007년 11월 3일)

이인식의 멋진과학 031
죽음 너머의 세계

사람은 누구나 반드시 한 번 죽게 마련이지만 무덤 저쪽의 세계는 오랫동안 과학적으로 탐구가 불가능한 영역이었다. 죽은 사람은 말이 없으므로. 그러나 저승의 문턱까지 다녀온 사람들이 되살아난 경험담을 털어놓으면서 임사 체험(near-death experience)이라는 용어가 등장하게 된다. 미국 정신과 의사인 레이먼드 무디가 만든 이 용어는 죽음의 한 발 앞까지 갔다가 목숨을 건진 사람들이 죽음 너머의 세계를 엿본 신비스러운 체험을 일컫는다.

1975년 무디가 펴낸 『삶 이후의 삶 Life After Life』은 1300만 부 이상 팔린 베스트셀러가 되었다. 무디는 이 책에서 사망 선고를 받은 후 소생한 환자 150명의 사례 보고서를 제시했는데, 모든 임사 체험에

는 비슷한 요소들이 나타난다는 결론을 내렸다. 같은 시기에 정신과 여의사인 엘리자베스 퀴블러로스 역시 무디와 비슷한 결론에 도달했다. 1980년 심리학자인 케네스 링은 임사 체험에서 다섯 가지 요소가 똑같은 순서로 발생하는 경향이 있다고 발표했다. 임사 체험의 다섯 단계는 평화로운 감정, 유체 이탈 경험, 터널 같은 어둠으로 들어가는 기분, 빛의 발견, 빛을 향해 들어가는 단계를 가리킨다.

임사 체험자는 마지막 단계에서 아름다운 꽃이 가득하고 가끔 황홀한 음악이 들려오기도 하는 등 별천지에 온 듯한 느낌을 받는다. 죽은 가족이나 친구를 만나고 빛을 발하는 전능한 존재와 함께 이승에서의 삶을 되돌아본다. 결국 임사 체험자는 가족을 돌보기 위해서 또는 아직 마무리하지 못한 삶의 목적을 완수하기 위해 육신이 이승으로 되돌아가도록 권유받는다. 그러나 대부분 이승으로의 복귀를 별로 달가워하지 않는다고 한다. 저승이 낙원이어서일까, 아니면 이승이 고해이기 때문일까.

1982년 갤럽 조사를 보면 미국의 성인 800만 명, 즉 20명에 한 명 꼴로 임사 체험을 한 것으로 나타났다. 그러나 많은 과학자들은 임사 체험을 죽어 가는 뇌에서 산소가 결핍되어 발생하는 환각일 따름이라고 일소에 부쳤다. 물론 환각 이론에 허점이 적지 않다. 뇌의 산소 결핍으로 발생하는 환각은 혼란스럽고 두려움이 뒤따르지만 임사 체험은 생생하며 평화로운 느낌을 수반하기 때문이다

2001년 네덜란드 의사인 핌 반 롬멜은 영국 의학 전문지 『랜싯Lancet』 12월 15일 자에 이러한 환각 이론이 옳지 않음을 입증한 논문을 발표했다. 심장마비 뒤에 의식을 회복한 평균 62세의 환자 344명 중에서 18퍼센트만이 임사 체험을 보고했기 때문이다. 임사 체험이 뇌의 산소 결핍에서 비롯된 환각이라면 모든 환자가 반드시 임사 체험을 했어야 한다는 뜻이다.

2006년에는 프랑스에서 제1회 '국제 임사체험 의학 회의'가 열렸는데, 참가자들은 임사 체험이 단순한 환각일 수 없다는 결론을 도출했다. 미국 켄터키대의 신경생리학자인 케빈 넬슨 역시 독특한 연구 결과를 내놓았다. 『신경학Neurology』에 2006년 11월과 2007년 3월 두 차례 발표한 '렘 방해'(REM intrusion) 이론은 많은 지지를 받았다. 렘은 '급속한 안구 운동'(Rapid Eye Movement)이라는 뜻이다. 사람은 잠자는 동안 '렘수면'을 한다. '렘수면'은 눈꺼풀이 닫힌 상태에서 안

구가 급속한 운동을 하는 단계이다. '렘수면' 중인 사람을 깨우면 대개 꿈을 꾸고 있다고 말한다. 뇌가 극심한 스트레스를 받으면 '렘수면' 중에 부분적으로 깨어 있게 되는데, 이러한 상태를 '렘 방해'라고 한다. '렘 방해'가 발생하면 뇌는 아직 수면 중이고 몸은 마비 상태이지만 정신은 깨어나 있기 때문에 근육이 마비된 듯한 착각을 하게 된다. 넬슨은 '렘 방해'로 사람들이 꿈속에서 자신의 몸이 완전히 마비되었다고 의식하기 때문에 자신이 실제로 죽었다고 믿게 되어 임사 체험을 하게 되는 것이라고 설명했다.

미국 시사 주간지 『타임』 온라인판의 8월 31일 자 특집 기사는 임사 체험이 사람의 마음에서 발생하는 현상임은 틀림없지만 아직도 설명하기 어려운 수수께끼라고 결론을 맺었다.

죽음 너머의 세계를 엿보고 살아 돌아온 사람들은 덤으로 얻은 삶에 감사하며 물질에 욕심을 덜 내고 타인을 따뜻한 마음으로 배려하면서 살아가는 것으로 알려졌다. (2007년 11월 10일)

첫인상이 선거 당락 좌우

　선거에서 후보자의 첫인상이 당락에 결정적 영향을 미치는 요인이라는 연구 결과가 나왔다. 미국 프린스턴대의 심리학 교수인 알렉산더 토도로프는 『미 국립과학원 회보(PNAS)』 10월 23일 자에 실린 논문에서 유권자들이 0.25초라는 눈 깜짝할 사이에 당선자와 낙선자를 가려냈다는 실험 결과를 발표하였다.

　수십 년 동안 사회심리학자들은 첫인상으로 타인을 판단하는 것은 금물이라고 충고했다. '표지를 보고 그 책을 평가하지 마라.'는 영어 속담이 자주 인용되기도 했다. 그러나 우리는 낯선 사람을 대할 때 그들의 표정, 나이, 의상, 목소리, 몸짓 등을 평가해서 그와 어떤 관계를 설정해야 할지를 결정한다. 첫인상을 통해 앞으로 계속 만나야 할 사람인지 아니면 두 번 다시 보아서는 안 될 사람인지를 판단하는 것이다.

심리학자들은 이러한 사회적 지각(social perception)을 수십 년 동안 연구했으나 최근에야 자기공명영상(MRI) 기술의 도움을 받아 생물학적인 근거를 찾아내기 시작했다. 이른바 사회신경과학(social neuroscience)은 아직 걸음마 단계이지만 낯선 사람을 만나자마자 친구인지 적인지 가려낼 때 사람의 뇌에서 어떤 일이 발생하는지를 밝혀낸 것이다. 예컨대 눈으로 들어온 시각정보는 뇌의 두 개 영역, 곧 전뇌와 편도체로 이동한다. 대뇌피질의 앞쪽에 해당하는 전뇌는 의식적인 사고와 관련된 영역이며, 측두엽 깊숙이 자리한 편도체는 기쁨이나 분노 같은 정서가 유발되는 부위이다.

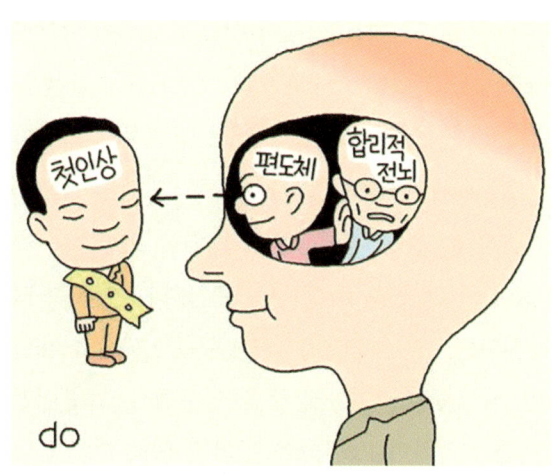

특히 편도체는 위험 상황이나 공포 상황에서 대뇌피질이 관여하기 전에 신속히 반응하여 그 상황에 우리 몸이 일단 부딪쳐 봐야 할지 아니면 아예 도피하는 게 안전할지를 판단한다. 가령 우리가 폭력배를 보고 겁에 질려 재빨리 도망치거나, 벌이 머리 주변을 맴돌 때 움찔하게 되는 것은 편도체가 우리 몸에 피하라는 지시를 내리기 때문이다. 위급한 상황에서 대뇌피질의 판단을 기다리며 어떻게 해야 할지 망설이다 보면 때를 놓쳐 낭패를 당하기 십상이다. 말하자면 편도체는 위험 상황에서 독자적으로 작동하는 자동안전장치인 셈이다.

우리가 낯선 사람을 처음 만났을 때 먼저 편도체가 몇 밀리초(1,000분의 1초) 안에 독립적으로 그리고 자동으로 친구인지 적인지 판단한다. 전뇌는 편도체가 내린 결정을 바탕으로 의식적으로 정보를 처리한다. 이러한 이중의 정보처리 과정은 토론토대의 신경심리학자인 윌리엄 커닝햄에 의해 실험으로 확인되었다. 2003년 『인성과 사회심리학 저널(JPSP)』에 발표한 논문에서 커닝햄은 어떤 사람이 선한지 악한지를 가려내는 실험에서 주도권이 편도체에 있는 것으로 밝혀졌다고 주장했다.

그는 실험 참가자들의 뇌를 자기공명영상 장치로 들여다보면서 마하트마 간디, 야세르 아라파트, 아돌프 히틀러 등의 이름을 불러주고 두 가지 성격이 다른 질문을 던졌다. 하나는 '그가 살아 있는가, 죽었는가'처럼 객관적 사실을 묻는 것이었고 다른 하나는 '그가 좋은 사람인가, 나쁜 사람인가'처럼 주관적 판단이 요구되는 질문이었다. 첫 번째 질문의 경우, 실험 참가자의 뇌는 별다른 변화를 나타내지 않았다.

그러나, 두 번째 질문에 대해서는 전뇌가 첫 번째 질문 때와 비슷한 반응을 보인 반면에 편도체의 활동이 눈에 띄게 증가했다. 요컨대 뇌가 낯선 사람이 친구인지 적인지 판단할 때 전뇌에 의한 합리적 평가보다 편도체에 의한 정서적 판단에 따르는 것으로 확인되었다.

첫인상을 보고 순간적으로 친구와 적을 분간해 내는 능력을 갖춘 유권자들이 0.25초 만에 당선자를 골라낸 것은 당연한 일인지 모른다. 토도로프는 미국에서 1996년부터 2002년 사이에 치러진 89개 선거의 당선자와 낙선자의 사진을 보여 주었는데, 실험 참가자들은 0.25초 만에 70퍼센트 가까이 정확하게 당선자를 골라냈다. 그들이 당선자로 여겨진 이유는 단 한 가지, 첫인상이 유능해 보였기 때문인 것으로 밝혀졌다.

인류의 뇌가 첫인상의 정보로 신속히 판단을 내리는 능력을 갖추게 된 까닭은 옛 조상들이 분초를 다투는 위급 상황에서 살아남기 위해 그런 직관적인 능력이 필요했기 때문이라고 설명된다. (2007년 11월 17일)

이인식의 멋진과학 033
출생 순서가 운명을 결정?

　미국 대통령 중에는 동생 문제로 골치를 앓은 경우가 적지 않다. 도널드 닉슨, 빌리 카터, 로저 클린턴, 닐 부시는 사회적 물의를 일으켜 대통령을 궁지에 몰아넣은 대표적인 동생들이다. 특히 조지 W. 부시 대통령의 아우인 닐은 2002년 아내에게 보낸 편지에서 "나는 형들과 비교되는 것을 참을 수 없다."고 울분을 터뜨린 사실이 공개되어 입방아에 올랐다.
　같은 부모 아래서 성장한 친형제끼리 성격이나 지능이 다른 이유는 행동유전학과 발달심리학의 연구 주제가 되고 있다. 1987년 미국의 행동유전학자인 로버트 플로민은 '한 가족 내의 아이들이 왜 그렇게 다른가?'라는 제목의 논문을 발표했다. 이를 계기로 가족 내에 존재하는 환경 차이가 형제의 성격 차이에 미치는 영향을 분석하는 연구가 활기를 띠었다. 특히 출생 순서가 가장 값진 연구 수단이 되었다. 가족 내의 서열에 따라 성격이 다르게 형성된다고 여겨졌기 때문이다.

1996년 매사추세츠 공대의 과학사 교수인 프랭크 설로웨이는 『타고난 모반자 Born to Rebel』를 펴내고, 이 책에서 형제들의 차이는 태어난 순서에서 비롯된다고 주장했다. 설로웨이의 이론에 따르면 맏이들은 동생보다 현상 유지를 원하므로 보수적이고 질투심이 강하며 새로운 아이디어를 배격하는 성향이 강한 반면, 둘째 이하로 태어난 동생들은 맏이보다 모험을 즐기고 급진적이며 편견이 적은 것으로 나타났다.

이런 맥락에서 설로웨이는 과학 분야의 변혁이 대부분 맏이가 아닌 아우들에 의해 주도되었음을 밝혀냈다. 그는 1543년부터 1967년까지 400년이 넘는 기간 동안 28개의 중요한 과학 논쟁에 참여한 2,800여 명의 과학자들이 견지한 입장을 분석했다. 가령 다윈이 주창한 진화론에 대한 논쟁(1859~1870)에서 장남 과학자의 20퍼센트, 장남이 아닌 과학자의 61퍼센트가 다윈의 편에 섰다. 아인슈타인의 상대성이론을 놓고 진행된 논쟁(1905~1927)에서는 장남 과학자의 30퍼센트, 동생으로 태어난 과학자의 76퍼센트가 상대성이론을 받아들였다. 물론 뉴턴이나 아인슈타인처럼 혁명적인 이론을 낸 맏이들이 없는 것은 아니지만 대체적으로 새로운 이론에 대한 반대자는 장남들인 것으로 밝혀진 셈이다.

설로웨이는 부모들이 맏이에게 더 많은 투자를 하고 맏이는 부모와의 관계를 유지하고 싶어 하므로 보수적으로 될 수밖에 없지만, 동생들은 형보다 잃을 게 많지 않으므로 변화를 추구하고 모험을 즐기게 된다고 설명했다.

노르웨이 오슬로대의 페터 크리스텐센은 지난 6월 22일 자 『사이언스』에 출생 순서와 지능의 상관관계를 연구한 논문을 발표했다. 크리스텐센은 1967년에서 1976년 사이에 태어난 18~19세의 남자 24만여 명이 군대에 징집될 때 치른 지능 시험 자료를 분석하고, 태어난 순서에 따라 지능지수가 다르게 나타나는 것을 밝혀냈다. 맏이의 지능지수는 평균 103.2인 데 반해 둘째는 100.3, 셋째는 99.0을 기록했다. 첫째가 둘째보다 지능지수가 2.9 높은 것으로 나타난 것이

다. 이러한 차이는 사소한 것 같지만 미국의 대학진학적성검사(SAT)에서 일류 대학 합격에 필요한 점수를 따내는 능력과 직결될 수도 있다. 지능지수 3 차이로 일류 대학에 갈 수도 있고 이류 대학에 갈 수도 있으므로 맏이와 둘째의 지능지수 차이에는 상당한 의미를 부여할 수 있다는 것이다.

미국 시사 주간지 『타임』 10월 29일 자는 출생 순서를 커버스토리로 다루고 큰아들이 맹활약하는 사례를 소개했다. 최근 국제 최고경영자 조직인 비스티지(Vistage)의 조사에 따르면 경영자의 44퍼센트가 큰아들이고, 가운데 동생들은 33퍼센트, 막내는 23퍼센트로 나타났다. 『타임』은 스탠퍼드대의 심리학자인 로버트 제이언츠의 견해도 인용했다. 그는 의사들 중에 의외로 맏이가 많으며 미국 최고의 권력기관인 국회의사당에도 맏이들이 지나치게 많이 진출해 있다고 말했다.

우리나라 역대 대통령을 보면 박정희 5남 2녀의 막내, 전두환 3남 3녀의 넷째, 김대중 4남 2녀의 차남, 노무현 5남매의 막내로 태어났다. 12월 대통령 선거에 나서는 후보들의 출생 순서에 관심을 가져보면 어떨는지. (2007년 11월 24일)

이인식의 멋진과학 034

밑지는 건 참을 수 없다

미국 주요 도시의 부동산 시장이 특이한 현상을 나타내고 있는 것으로 알려졌다. 집값이 하락했음에도 불구하고 많은 사람들이 시세보다 훨씬 높은 가격으로 매물을 내놓음에 따라 경기가 완전히 얼어붙어 버렸다는 내용이다.

지난 9월 23일 자「뉴욕 타임스」의 경제 논평에 따르면 1990년대에 보스턴의 콘도미니엄(공동주택) 시장이 침체 상태였을 때와 비슷한 조짐을 보이는 것으로 분석된다. 미국 부동산경제학의 거물인 크리스토퍼 메이어 교수는 1991년부터 1997년까지 보스턴의 공동주택 6,000채에 대한 자료를 수집하고, 값이 비쌀 때 산 사람들은 그 아래 값으로 팔려고 하지 않는다는 사실을 밝혀냈다. 메이어는 2001년

11월 경제 계간지에 연구 결과를 발표했는데, 제목은 '손실 혐오(loss aversion)와 판매자의 행동'이었다. 손실 혐오는 행동경제학에서 사람들이 이익을 얻는 것보다는 손해를 보지 않으려는 쪽으로 결정하는 성향을 의미하는 용어이다. 한마디로 손실 혐오는 밑지는 건 참을 수 없다는 뜻이다.

손실 혐오는 미국 심리학자인 대니얼 카너먼의 「프로스펙트 이론 Prospect Theory」에 처음 등장한 개념이다. 1934년 이스라엘 태생인 카너먼은 동료 심리학자인 아모스 트버스키와 함께 경제학에 심리학적 실험 기법을 도입하여 행동경제학이라는 새 분야를 개척하면서 신고전파 경제학 이론의 접근 방법에 한계가 있다는 사실을 밝히는 데 주력했다. 1979년 두 사람은 불확실한 조건에서 인간이 잠재적 손실과 이익을 평가하여 결정하는 행동을 새롭게 설명한 프로스펙트 이론을 발표했다. 사람들은 잠재적 이득과 관련된 선택을 할 때 기꺼이 위험을 감수하는 경향이 있다. 그러나 손실에 의한 심리적 효과는 이득에 의한 심리적 효과보다 적어도 두 배는 큰 것으로 여겨진다. 다시 말해 대부분의 사람들은 잠재적 이득이 잠재적 손실보다 최소한 두 배가 되지 않을 경우에는 돈을 벌거나 잃을 확률이 50대 50으로 전망될지라도 이를 거부한다는 것이다. 요컨대 프로스펙트 이론은 인간이 잃는 것을 너무나 혐오한다고 주장한다.

2002년 카너먼은 프로스펙트 이론을 정립한 공로를 인정받아 버논 스미스와 함께 노벨 경제학상을 받았다. 스미스는 지난 9월 연세대 초청으로 서울에서 특강을 했다.

2007년 미국 신경과학자인 러셀 폴드랙과 행동경제학자인 크레이그 폭스는 『사이언스』 1월 26일 자에 사람이 손실 혐오를 나타낼 때 뇌 안에서 일어나는 반응을 연구한 논문을 발표했다. 그들은 기능성 자기공명영상(fMRI) 장치로 실험 대상자의 뇌 안을 들여다보았다. 실험 대상자들에게는 돈을 벌거나 잃을 확률이 50대 50으로 전망되는 도박에 참여하거나 거부할 수 있는 재량권이 주어졌다. 도박에서 잠재적 이득이 올라가면서 뇌 안의 도파민 계통에서 활동이 증가했다. 신경전달물질인 도파민은 음식을 먹거나 섹스를 할 때처럼 행복한 순간에 분비된다.

한편 잠재적 손실이 증가할 때는 같은 부위에서 활동이 감소했다. 흥미롭게도 손실과 이득이 뇌의 같은 부위, 곧 보상체계(reward system)

와 관련된 것으로 확인된 셈이다. 보상체계는 인류의 생존을 위해 필수적인 행동인 식사, 섹스, 자식 양육 등이 지속될 수 있도록 쾌락으로 보상해 주는 구조이며 뇌의 여러 부위에 연결되어 있다. 특히 대뇌 피질의 앞쪽인 전뇌에 위치하며 정서 반응과 관련된 복내측 전전두 피질(VMPC: ventromedial prefrontal cortex)에서 손실과 이득에 대한 반응이 활발했다.

손실 혐오가 뇌 안에서 정서를 처리하는 부위와 관련되었다는 사실은 프로스펙트 이론의 입지를 더욱 강화했다. 프로스펙트 이론은 신고전파 경제학과 달리 경제주체의 의사결정이 반드시 합리적으로 이루어지는 것은 아니라고 주장하기 때문이다. 신고전파 경제학에서는 자신의 이익을 극대화하기 위해 합리적 결정을 내리는 경제인간, 곧 호모 에코노미쿠스(Homo economicus)가 경제활동의 주체라고 전제한다. 따라서 신고전파 경제학으로는 손실 혐오와 같은 불합리한 행동을 납득할 수 없으며 미국 부동산 시장이 침체에 빠진 이유를 설명하기도 어렵다.

호모 에코노미쿠스는 이미 사라지고 없다는 표현이 설득력을 가질 법도 하다. (2007년 12월 1일)

믿고 싶은 것만 믿는 유권자

아리스토텔레스는 "사람은 타고난 정치적 동물"이라는 명언을 남겼다. 2,300년 만에 처음으로 그의 생각을 과학적으로 뒷받침하는 연구 결과가 나왔다. 『사이언티픽 아메리칸』 11월호에 따르면 정치에 관심이 많거나 투표장에 열심히 나가는 사람들은 그러한 성향을 타고나는 것으로 밝혀졌다.

유권자들이 투표에 참여하는 동기를 분석한 결과, 나이나 성별, 학력, 소득, 종교, 정치적 식견 등이 미치는 영향은 크지 않은 것으로 나타났다. 따라서 미국 캘리포니아대의 정치학자인 제임스 파울러 교수는 유전적 요인의 효과를 알아보고자 쌍둥이 연구(twin study)를 했다.

쌍둥이 연구는 유전자 전부를 공유한 일란성 쌍둥이와 유전자의

 절반을 공유한 이란성 쌍둥이를 대상으로 유전자가 특정 형질에 끼치는 영향을 분석하는 접근 방법이다. 한마디로 쌍둥이 연구는 유전과 행동 사이에 존재하는 연결 고리를 찾는 고전적 방법이다. 파울러는 캘리포니아 지역의 일란성 쌍둥이 326쌍과 이란성 쌍둥이 196쌍의 투표 기록을 분석하고, 유전적 요인이 투표 행위에 미치는 영향은 60퍼센트이고 환경적 요인은 40퍼센트임을 밝혀냈다. 파울러는 선거운동이나 집회에 참여하는 정치 활동에 대해서도 쌍둥이 연구를 하고 비슷한 결과를 얻었다. 이 연구 결과는 지난 8월 미국정치학회(APSA) 모임에서 발표되었다.

 미국 유권자의 정치 성향, 이를테면 보수주의자와 자유주의자의 차이에 대해서도 과학적으로 설명한 연구 결과가 나왔다. 미국인의 3

분의 1은 보수주의자, 5분의 1은 자유주의자이다. 보수적인 공화당원들이 우파 성향이라면 진보적인 민주당원들은 좌파 성향이다. 이러한 정치적 신조는 환경에 의해 형성된다고 보는 것이 통념이었다.

그러나 뉴욕대의 심리학자인 데이비드 아모디오 교수는 정치 성향이 다른 까닭은 뇌 안에서 정보가 처리되는 방법이 근본적으로 다르기 때문이라고 주장했다.

아모디오는 43명에게 정치 성향에 대해 질문하면서 뇌의 활동을 살펴보았는데, 의견이나 이해관계의 충돌을 해결하는 기능을 가진 부위인 전두대상피질(ACC: anterior cingulate cortex)에서 자유주의자가 보수주의자보다 2.5배 더 활성화되는 것을 발견했다. 좌파 성향의 사람들이 변화의 요구에 더 민감하므로 그러한 반응이 나타나는 것으로 풀이된다. 이 연구 결과는 『네이처 뉴로사이언스』 온라인판의 9월 9일 자에 실렸다.

이러한 정치 성향은 무의식적인 확증편향(confirmation bias)에서 비롯된다는 연구 결과도 나왔다. 확증편향은 자신이 가진 믿음을 확증하는 정보만을 찾아서 받아들이려는 경향을 의미한다. 한마디로 확증편향은 믿고 싶은 것만 믿는다는 뜻이다. 에모리대의 심리학자인 드루 웨스턴 교수는 뇌에서 확증편향이 발생하는 부위를 찾아내고, 확증편향이 무의식적인 현상이며 정서의 지배를 받는다는 사실을 밝혀냈다.

2004년 미국 대통령 선거 기간에 웨스턴은 핵심 공화당원을 자처하는 15명과 골수 민주당원 행세를 하는 15명 등 30명의 뇌를 기능성 자기공명영상 장치로 들여다보면서 조지 W. 부시 공화당 후보와 존 케리 민주당 후보의 연설 내용을 평가해 달라고 주문했다.

결과는 예상대로 나왔다. 공화당원들은 케리에게, 민주당원들은 부시에게 일방적인 혹평을 한 것으로 확인되었다. 실험 참여자들은 예외 없이 무의식적으로 확증편향에 사로잡혀 있음이 분명했다.

한편 뇌 영상 자료를 보면 이성과 관련된 뇌의 영역이 침묵을 지킨 것으로 나타났다. 대신 감정을 처리하는 영역인 전두대상피질 등의 활동이 눈에 띄게 증가했다. 이 연구 결과는 2006년 미국심리학회 총회에서 발표되었다. 지난 6월 하순 웨스턴은 『정치적 뇌 The Political Brain』라는 저서를 펴냈다. 부제는 '국가의 운명을 결정함에 있어 정서의 역할'이다.

웨스턴의 연구 결과는 자못 의미심장하다. 대통령, 판사, 최고경영자, 과학자가 확증편향을 극복하지 못하면 엉뚱한 판단을 내릴 수 있기 때문이다. (2007년 12월 8일)

이인식의 멋진과학 036
창의적인 리더십

　국가나 기업의 흥망은 지도자의 리더십에 달려 있다. 성공적인 리더십의 핵심 요소로는 매력적인 카리스마, 예리한 지성, 절대적인 권위를 꼽게 마련이다. 1921년 독일 사회학자인 막스 베버가 학술 용어로 처음 사용한 '카리스마'는 추종자들이 지도자가 갖고 있다고 믿는 경이로운 속성이나, 사람을 강하게 끌어당기는 인격적인 특성을 의미한다. 베버는 전통적 권위를 부정하는 '카리스마적(charismatic) 리더십'이 아니고서는 산업사회의 제반 문제를 해결할 수 없다고 주장했다. 그러나 히틀러의 나치주의를 목격한 학자들은 카리스마처럼 지도자의 타고난 재능이 리더십의 성패를 결정한다고 보는 견해에 고개를 갸우뚱했다.

카리스마적인 리더십의 대안으로 등장한 것은 상황적합이론(contingency theory)이다. 1960년대에 미국 워싱턴대의 사회심리학자인 프레드 피들러가 제안한 상황적합이론은 리더십을 결정하는 요인이 지도자의 성격 특성에 있지 않고 그가 처한 조직의 상황에 있다고 주장한다. 리더십의 효과가 조직의 성격이나 규모에 따라 다르게 나타나기 때문에 조직의 상황에 적합한 지도자가 리더십을 발휘하게 된다는 것이다. 카리스마적 리더십은 지도자가 상황을 극복할 수 있다고 보는 반면, 상황적합이론은 상황에 따라 알맞은 지도자가 결정된다고 주장하여 경영인들로부터 큰 호응을 얻었다.

최근 두 개의 상반된 리더십 이론과 다른 접근 방법이 주목을 받고 있다. 영국의 사회심리학 교수들인 스티븐 레이허와 알렉산더 해

슬람은 출간 준비 중인 『리더십의 새로운 심리학*The New Psychology of Leadership*』이라는 책에서 강력한 리더십은 지도자와 추종자 사이의 공생적 관계에서 비롯된다고 주장했다. 그들은 집단심리학, 특히 사회적 정체성(social identity) 개념을 이론적 근거로 삼았다. 1979년 영국의 사회심리학자인 존 터너가 제안한 사회적 정체성 이론은 개인들이 가령 "우리 모두는 한국인이다." 또는 "우리는 모두 불교 신자이다."라고 말할 때처럼 특정 집단의 정체성을 공유한다고 느낄 때, 서로를 신뢰하며 힘을 합치고 집단의 지도자를 기꺼이 따른다고 설명했다. 집단 안에서 정체성을 함께 확인한 사람들은 두 가지 사회적 특성을 나타낸다. 첫째, 그들은 집단 속에서 부화뇌동하지 않으며 개인적 소신보다 집단의 공통 이해를 위해 결정을 내린다. 둘째, 개인들은 그들이 속한 집단의 규범을 준수한다. 예컨대 일터에서는 종업원으로, 교회에서는 신자로, 축구장에서는 응원단으로서 그 집단의 규범과 가치체계에 맞게 반응을 나타낸다. 말하자면 사회적 정체성은 집단 구성원들에게 무엇이 중요한지에 관한 합의를 도출하여 공유된 목표를 달성하도록 협력하게 하는 역할을 한다.

레이허와 해슬람은 사회적 정체성을 공유한 집단에서 그 정체성을 가장 잘 구현할 수 있는 인물이 가장 효과적인 지도자가 될 수 있다고 설명했다. 가장 뛰어난 리더십은 추종자의 가치체계와 의견을 가장 잘 이해하여 집단의 목표를 설정하고 구성원의 자발적인 참여를 이끌어 내서 그 목표를 달성하는 능력이라고 주장했다. 이를테면 그 집단을 다른 집단과 차별화시켜 경쟁력을 갖게 하는 사람은 누구나 훌륭한 지도자가 될 수 있다는 것이다. 본보기로 2004년 미국 대통령 선거 당시 조지 W. 부시 후보를 꼽았다. 부시는 유세 중에 실언을 자주 했으나 그의 어눌한 말솜씨를 조롱한 상대방 진영이 도리어 많은 유권자들로부터 공격을 받은 이유는 보통 사람들이 대부분 부시에게 동병상련을 느꼈기 때문으로 분석된다.

부시 대통령의 사례는 리더십에 필요한 성격 요소가 그 집단의 특성에 달렸음을 보여 주었다. 다시 말해 성공적인 리더십을 위해 지도자가 반드시 갖추어야 할 덕목이 따로 없다는 게 레이허와 해슬람의 새로운 리더십 이론이다. 그러나 대통령이건 최고경영자이건 진정한 지도자는 단순히 집단의 정체성을 수용하는 데 머물지 않고 집단의 발전에 필수 불가결한 정체성을 만들어 낼 수 있어야 함은 물론이다. 지도자가 구성원들과 정체성을 놓고 끊임없이 생산적인 대화를 나눌 때 비로소 창의적인 리더십이 형성되어 세상을 바꿀 수 있는 것이다.

(2007년 12월 15일)

이인식의 멋진과학 037
신비체험의 수수께끼

성당이나 절에서 신자들이 기도와 명상을 통해 절대자와 영적으로 일체감을 느끼는 신비체험을 할 때 뇌 안에서 일어나는 현상을 설명하려는 연구가 성과를 거두고 있다. 인간의 영성과 뇌의 관계를 탐구하는 신생 학문은 신경신학(neurotheology) 또는 영적신경과학(spiritual neuroscience)이라 불린다.

1975년 미국의 신경학자인 노먼 게슈빈트는 간질 발작이 머리 양옆을 따라 위치한 측두엽에서 발생하는 것을 처음으로 밝혀내고, 간질이 때때로 강력한 종교적 체험을 유발한다고 주장했다. 사도 바울, 잔 다르크, 도스토예프스키는 간질 발작에 의해 신비체험을 한 인물로 알려졌다. 바울에게 예수의 목소리로 들리는 환청을 일으켰던 밝은 빛, 잔 다르크가 들었던 하느님의 목소리, 도스토예프스키가 접견했다는 신의 모습은 간질 발작 상태에서 체험한 것으로 추정된다.

캘리포니아대의 신경과학자인 빌라야누르 라마찬드란은 실험을 통해 측두엽 간질병 환자가 종교적 언어에 대해 유별나게 뚜렷한 정서 반응을 나타내는 현상을 확인했다. 그는 1998년 9월 펴낸 『두뇌 속의 유령Phantoms in the Brain』에서 정서를 관장하는 변연계의 역할을 강조했다. 측두엽과 변연계를 연결하는 신경회로망을 강화하면 간질병 환자들이 종교적 감정을 느끼게 된다고 주장했다. 이를 계기로 측두엽이나 변연계뿐만 아니라 다른 부위에서도 다양한 종교적 감정이 발생할 가능성이 제기되었다.

이러한 발상으로 괄목할 만한 연구 성과를 거둔 대표적 인물은 펜실베이니아대의 신경과학자인 앤드루 뉴버그이다. 그는 뇌 영상 기술을 사용하여 명상에 빠진 티베트 불교 신자와 기도에 몰두하는 가톨릭의 프란치스코회 수녀가 아주 강렬한 종교적 체험의 순간에 도달할 때 뇌의 상태를 촬영했다. 2001년 4월 펴낸 『신은 왜 우리 곁을 떠나지 않는가Why God Won't Go Away』에서 뉴버그는 명상이나 기도의 절정에 이르렀을 때 머리 꼭대기 아래에 자리한 두정엽 일부에서 기능이 현저히 저하되고 이마 바로 뒤에 있는 전두엽 오른쪽에서 활동이 증가되었다고 밝혔다.

2002년 미국의 신경과학자인 리처드 데이비드슨 교수 역시 기능성 자기공명영상 장치로 명상 중인 불교 신자 수백 명의 뇌를 들여다보고 뉴버그와 비슷한 연구 결과를 발표했다.

전두엽이 신비체험에 관련된 것으로 밝혀짐에 따라 신경신학의 연구는 뇌의 다른 영역으로 확대되었다. 캐나다 몬트리올대의 신경과학자인 마리오 보리가드는 기능성 자기공명영상 장치를 사용하여 카르멜회 수녀 15명의 뇌를 들여다보고, 수녀들이 하느님과의 영적 교감을 회상할 때 비로소 활성화되는 부위를 여섯 군데 발견했다. 예컨대 로맨틱한 감정과 관련된 부위인 미상핵의 활동이 더욱 증대되었다. 아마도 절대자에 대한 수녀들의 무조건적인 사랑의 감정이 초래한 결과인 듯하다. 2006년 『신경과학 통신Neuroscience Letters』 9월 25일 자에 발표한 논문에서, 보리가드는 수녀들의 종교적 경험에 관련된 뇌의 부위가 다양한 것은 그만큼 인간의 영성이 복잡한 현상임을 방증한다고 주장했다. 보리가드의 연구 결과는 신비체험이 가령 측

두엽과 같은 특정 부위에 국한되지 않고 뇌 전체에 분포한 신경회로망에 의해 발생하는 현상임을 보여 준 셈이다. 지난 9월 초에 그가 펴낸 『영적인 뇌 The Spiritual Brain』는 신경신학의 현주소를 소개한 저술로 높이 평가된다.

신경신학의 연구 결과를 곧이곧대로 받아들이면 신은 인간의 뇌가 만들어 낸 개념에 불과하며 뇌 안에 항상 머무는 존재라고 여길 수 있다. 신앙생활에서 경험하는 신과의 일체감과 경외감을 단순히 뇌세포의 전기화학적 깜박임이 만들어 낸 결과물로 치부한다면 신의 은총은 말할 것도 없고 인간의 의지는 아무짝에도 쓸모가 없게 될 터이다. 그러나 카르멜회 수녀들이 하느님을 떠올릴 때 비로소 뇌에서 그런 반응이 일어날 수 있었음을 상기한다면 신경신학의 연구 성과가 신의 존재 여부를 판가름할 수 있다고 생각하는 것처럼 성급한 판단은 없을 줄로 안다. (2007년 12월 22일)

이인식의 멋진과학 038

퀴콜로지로 보는 세상

2005년 5월 미국 시카고대의 스티븐 레빗 교수가 펴낸 『괴짜 경제학Freakonomics』은 세상의 하찮은 일 속에 숨겨진 수수께끼를 독특하게 파헤친 문제작으로 평가된다. 이 책에는 기존 경제학자들이 등한시한 일상적인 의문점들, 예컨대 마약 판매상이 정말로 돈을 많이 번다면 어째서 어머니와 함께 살며, 교사들은 왜 부정행위를 저지르는지에 대한 분석이 제시되었다.

지난 5월 하순 코넬대의 경제학 교수인 로버트 프랭크가 펴낸 『경제적 박물학자 The Economic Naturalist』 역시 일상생활의 자질구레한 수수께끼에 대한 설명을 시도한다. 가령 갈색 달걀은 어째서 하얀 달걀보다 비싸며, 비 오는 날에는 왜 택시 잡기가 어렵고, 우유는 네모 상자에 담으면서 청량음료는 무슨 이유로 둥근 깡통에 넣는지에 대해 경제학적인 해답을 내놓는다.

이처럼 우리가 날마다 겪는 얄망궂은(weird) 일들을 경제학 원리로 분석하는 작업은 '위어더노믹스(weirdonomics)'라 불린다. 과학 분야에서도 사소하지만 괴이쩍고 별난 현상을 연구하는 학자들이 적지 않다. 대표적인 인물은 영국 하트퍼드셔대의 심리학 교수인 리처드 와이즈먼이다. 지난 9월 초순 그는 『쿼콜로지$Quirkology$』를 펴냈다. 와이즈먼은 쿼콜로지를 '인간의 이상야릇한(quirky) 행동을 과학적 방법으로 탐구하는 분야'라고 정의했다.

15년 넘게 쿼콜로지를 개척한 와이즈먼은 이 책에서 여러 학자의 연구 성과를 집대성했다. 어떤 심리학자는 자살이 라디오 방송에 나오는 음악과 어떤 관계가 있는지를 조사했고, 다른 심리학자는 거리를 지나다니는 미남미녀의 숫자를 근거로 영국 지도를 만들기도 했다. 런던이 가장 아름다운 도시로 나타났다.

1988년 캘리포니아대의 로버트 솜머 교수는 식물에도 각각 개성이 있다고 주장했다. 이를테면 양파는 어리석고, 버섯은 출세욕이 강하다는 식이다. 2003년 하버드대의 신경과학자인 마거릿 리빙스턴은 레오나르도 다 빈치의 '모나리자'가 짓고 있는 신비스러운 미소를 연구했다. 그는 모나리자의 얼굴을 바라보는 방향과 각도에 따라 미소에 대한 신비감이 달라진다고 주장했다. 이러한 사례들은 쿼콜로지가 통념을 파괴하는 아이디어로 세상을 새롭게 이해하려는 시도임을 여실히 보여 준다.

2006년 4월 와이즈먼은 남녀가 상대방에게 강렬한 인상을 주는 최선의 방법을 알아보기 위한 실험을 했다. 독신 남자 50명과 처녀 50명을 호텔에 모아 놓고 각자에게 10명의 이성과 3분씩 대화를 나누도록 했다. 남자들은 예상대로 상대를 얼른 정했지만 놀랍게도 여자들 역시 너무나 빨리 짝을 판단했다. 여자의 45퍼센트가 30초도 안되어 상대를 고른 것으로 나타났다. 이 실험 결과는 짧은 시간에 자신을 재미있게 소개하는 말솜씨의 중요성을 일깨워 준 셈이다.

쿼콜로지에서 빼놓을 수 없는 주제는 미신에 대한 인간의 태도이다. 미신적인 사고의 대표적인 사례는 '접촉전염의 법칙'(law of contagion)이다. 한 물체가 어떤 사람과 접촉하면 그 사람의 알맹이를 빼앗아 간다는 미신이다. 펜실베이니아대의 심리학자인 폴 로진 교수는

오늘날에도 이러한 미신이 퍼져 있는지를 연구했다. 실험 참가자들에게 예전에 남이 입었지만 깨끗하게 세탁된 좋은 옷을 입히고 어떤 기분인지 말해 줄 것을 요청했다. 옷을 입었던 사람의 신원에 따라 실험 참가자들이 나타내는 반응을 보면 접촉전염에 대한 맹신의 강도가 어느 만큼인지를 알 수 있다고 생각했기 때문이다.

두말할 필요 없이 실험 참가자들은 그 옷의 주인이 연쇄살인범이었다는 말을 듣고 가장 언짢아했다. 대체적으로 그들은 흉악범이 입었지만 세탁된 옷보다는 강아지의 배설물이 묻었지만 빨지 않은 옷을 더 선호하는 것으로 밝혀졌다. 값비싼 옷의 주인이 수혈 도중에 에이즈에 감염된 적이 있었다는 사실을 알고 나서 어느 누가 그 옷을 입으려 할 것인가.

와이즈먼은 이 대목에서 "21세기에도 우리 인간은 우리가 생각하고 있는 것처럼 그렇게 합리적인 존재가 결코 아니라는 사실을 확인할 수 있다."고 강조했다. (2007년 12월 29일)

테러리스트는 누구인가

　지난달 27일 파키스탄 야당 지도자인 베나지르 부토(55) 전 총리가 자살 폭탄 테러로 사망했다. 테러는 정치적, 종교적 또는 사상적 목적을 달성하기 위해 무고한 시민을 살상하는 범죄행위이다. 2001년 9·11 테러 이후 종교적 테러가 극성을 부리고 있다. 특히 2003년 미국의 이라크 침공을 계기로 자살 폭탄 테러가 폭발적으로 증가하는 추세이다. 2005년의 경우, 이라크에서 5월 한 달에 90건, 바그다드에서 7월 15일 하루에만 12건의 자살 폭탄 테러가 발생하여 테러 역사의 기록을 경신했다. 같은 해 7월 7일 서유럽에서 일어난 최초의 자살 폭탄 공격인 런던 테러의 범인들은 예상과 달리 알카에다 등 외국 테러리스트가 아니라 영국에서 나고 자란 평범한 젊은이들로 밝

혀져 영국 사회가 충격에 휩싸였다.

 테러리스트들은 대개 정신적으로 병들고 반사회적 성격의 소유자로 여겨졌으나 자살 테러범조차 지극히 정상적인 사람들로 밝혀졌다. 미국 펜실베이니아대의 정신의학자인 마크 세이지먼은 알카에다 요원 400명의 자료를 분석하고 자살 테러리스트들이 가난하거나 교육을 받지 못해 사회적으로 소외된 계층 출신이 아니라는 결론을 내렸다. 그들의 4분의 3은 중류 이상의 가정 출신이고, 90퍼센트는 화목한 집안에서 성장했다. 63퍼센트는 대학 수준의 교육을 받았는데, 제3세계 평균치인 5~6퍼센트와 비교할 수 없을 만큼 높은 비율이다. 4분의 3이 공학, 건축, 토목 분야 전문가들이거나 과학자였다. 인문학 전공자는 거의 눈에 띄지 않았다. 73퍼센트가 결혼해서 상당수가 자식을 두었다.

그러나 정말 놀랍게도 종교적 배경을 가진 사람은 드물었다. 2004년 5월 펴낸 『테러 네트워크의 이해Understanding Terror Networks』에서 세이지먼은 중동의 이슬람 테러리스트들은 그 사회에서 더없이 빼어나고 영특한 젊은이들이며 보통 사람들처럼 완전히 정상적인 시민들이라고 주장했다.

우수하고 정상적인 젊은이들이 죽음의 공포를 이겨 내고 자살 테러를 감행하도록 만들기 위해 테러 조직은 두 가지 방법을 사용한다. 한 가지는 심리적인 보상을 강화하는 방법이다. 이스라엘 하이파대의 정치학자인 아미 페다저는 자살 폭탄 테러를 순교 행위로 치켜세우는 문화가 조성되었다고 분석한다. 2005년 12월 펴낸 『자살 테러Suicide Terrorism』에서 페다저는 자살 테러리스트들이 이슬람 문화권에서 유명 운동선수처럼 포스터에 등장할 정도로 영웅 대접을 받고 있다고 적었다. 다른 방법은 집단에 대한 귀속감을 고취시키는 것이다. 테러리스트들이 자발적으로 개인의 정체성을 버리고 집단의 정체성을 받아들이게 하는 방법이다. 이를 위해 카리스마를 지닌 지도자가 추종자들에게 테러 집단의 목표를 제시하고 스스로 목숨을 던지도록 교육을 실시한다. 예컨대 알카에다의 우두머리인 오사마 빈 라덴은 조직원들에게 알라신을 주기적으로 들먹거리면서 살인 행위를 정당화시키는 것으로 알려졌다. 조지워싱턴대의 정치심리학자인 제럴드 포스트는 중동의 이슬람 무장 단체인 헤즈볼라와 하마스의 테러범 35명을 감옥에서 만나 보고 그들이 어릴 적부터 이스라엘 사람을 증오하고 정복해야 할 대상으로 가슴에 새기도록 교육을 받고 자라났음을 확인했다. 2007년 12월 펴낸 『테러리스트의 마음 The Mind of the Terrorist』에서 포스트는 집단심리학을 통해 테러를 가장 잘 이해할 수 있다고 주장했다.

  자살 테러와의 전쟁에서 승리하는 방법은 물론 알카에다처럼 과격한 테러 집단을 소탕하는 것이다. 이에 못지않게 중요한 다른 방법으로는 국가의 인권 수준을 신장하는 것이라는 의견이 제시되었다. 프린스턴대 경제학자인 앨런 크루거는 미국 국무부의 테러 자료를 분석하고 사우디아라비아나 바레인처럼 테러리스트가 비교적 많은 나라는 경제적으로 풍족하지만 인권이 취약한 반면, 가난하지만 인권을 보호하는 국가에서는 자살 테러리스트가 적다는 사실에 주목했다. 2007년 8월 펴낸 『테러리스트를 만드는 것 What Makes a Terrorist』에서 크루거는 정치적 자유가 테러 근절에 특효약이 될 것이라고 주장했다. 파키스탄은 군인 출신들이 통치하고 있다. (2008년 1월 5일)

이인식의 멋진과학 040
출생 시기가 운명 좌우한다

로널드 레이건 대통령이 중대한 결정을 내릴 때마다 영부인이 점성가와 상의하여 조언을 했다는 일화가 전해지고 있다. 점성가들은 출생 당시의 별자리에 따라 그 사람의 기질과 운명을 점친다. 말하자면 인간의 삶은 그가 태어난 계절의 영향을 받는다는 것이다.

점성술은 대표적인 사이비 과학으로 손꼽힌다. 그런데 근년에 점성술의 주장처럼 사람의 기질이 출생 시기와 관계가 있다는 사실을 밝혀낸 연구 결과가 잇따라 발표되고 있다.

먼저 운동선수에서 흥미로운 계절 요인이 확인되었다. 네덜란드 암스테르담대의 심리학자인 애드 듀딩크는 1991~1992년 시즌에 활약한 영국 프로축구 선수들은 9~11월생이 여름철에 태어난 사람보다 두 배 많은 것을 발견했다. 포르투갈과 이탈리아에서 각각 실시된 연구에 따르면 의과대학생들은 4~6월에 유난히 생일이 많았다. 신장이나 수명에 대한 계절적 상관관계 역시 밝혀졌다. 1998년 빈 대학의 게르하르트 베버는 오스트리아 군대에 10년간 징집된 50만 명의 18세 청년을 대상으로 평균 신장을 조사하고 키가 태어난 달과 관계가 깊다는 사실을 확인했다. 3~5월 출생한 남자는 9~11월생보다 평균 6밀리미터 큰 것으로 나타났다. 독일 막스 플랑크 연구소의 가브리엘 도블해머는 겨울에 태어난 사람들이 훨씬 더 오래 산다고 주장했다.

가장 진기한 계절적 영향은 과학자의 세계에서 발견되었다. 1999년 영국 심리학자인 마이클 홈즈는 『네이처』에 발표한 논문에서 진화론 등 논쟁의 소지가 많은 학설을 남보다 앞서 지지하는 과학자들은 10~4월 사이에 태어난 사람이 많다고 주장했다.

개인 기질과 출생 시기의 상관관계를 입증하는 사례가 속출함에 따라 과학자들은 계절 요인이 개인의 질병에 영향을 미칠 가능성에 주목했다. 특히 정신분열증, 공황발작, 알코올 중독 따위의 정신질환이 발병할 확률은 출생 시기와 무관하지 않은 것으로 밝혀졌다. 정신분열증의 경우, 1929년 스위스 심리학자인 모리츠 트래머가 늦은 겨울 태어난 사람이 발병 가능성이 높다고 처음 주장한 이후로 수십 년 동안 여러 차례 엇비슷한 연구 결과가 발표되었다. 대개 2~4월생들이 다른 때 태어난 사람들보다 정신분열증 환자가 될 확률이 5~10퍼센트 더 높은 것으로 알려졌다. 2005년 호주의 정신병 전문가인 존 맥그래스는 겨울철에 햇빛이 부족해서 태아의 뇌 발달에 필요한 비타민 D가 제대로 생산되지 않기 때문에 2~4월에 태어난 사람들이 정신분열증에 시달릴 위험성이 높은 것이라고 설명했다. 한편 가을에 생일을 가진 사람들은 공황발작과 알코올 중독에 취약한 것으로 나타났다. 9~12월생들은 다른 사람들보다 공황발작으로 고통을 받을 가능성이 8퍼센트 더 많고, 9~11월에 태어난 남자들은 알코올 중독자가 될 확률이 약간 더 높은 것으로 알려졌다.

   자살 역시 출생 시기와 관계가 있을지 모른다는 연구 결과가 나왔다. 늦봄과 초여름 사이, 곧 4~6월에 태어난 사람들이 자살을 더 많이 하는 것으로 드러났다. 2006년 영국의 정신병학자인 에머드 샐리브는 『영국 정신의학지(BJP)』에 기고한 논문에서 자살자 2만 5,000명

을 분석한 결과 4~6월생들이 17퍼센트 더 많이 자살한 것으로 나타났다고 주장했다. 4~6월생은 7~9월에 임신된다. 샐리브는 태아의 발육 기간에 햇볕이 산모의 호르몬 분비에 영향을 미쳐 태아의 뇌에 변화를 일으키고 결국 훗날 자살을 하게 만드는 것이라고 설명했다. 다른 연구 논문들도 자살이 계절적 영향을 받으며 햇볕이 가장 뜨거운 시기에 자살률이 비교적 높은 것을 밝혀냈다.

   이러한 연구 결과는 역학(epidemiology)의 관심사로 부상하고 있다. 대량의 자료로 질병의 전모를 파악하는 의학을 역학이라 한다. 점성술의 영역에 머물던 계절 요인이 과학의 연구 대상으로 넘겨지는 셈이다. (2008년 1월 12일)

지구를 식히는 방법

　지구온난화를 막기 위해 발효된 기후변화협약 교토의정서가 이산화탄소 등 온실가스 배출량의 감축 의무를 규정하고 있지만 세계 곳곳에서 지구 온도 상승에 따른 환경 재앙이 속출하고 있는 실정이다. 따라서 일부 과학자들은 지구공학(geoengineering)에서 지구온난화 대책을 모색하고 있다. 지구공학은 인류의 필요에 맞도록 지구의 환경을 대규모로 변화시키는 공학 기술이다.

　지구공학으로 지구온난화를 해결하려는 방법은 크게 두 가지로 나뉜다. 첫 번째는 대기 중의 이산화탄소를 흡수하여 기후변화를 저지하는 방법이고, 두 번째는 대기권이나 우주공간에서 햇빛을 차단하여 지구를 식히려는 방법이다.

1990년 처음으로 제안된 첫 번째 방법은 바다에 철을 뿌려 식물 플랑크톤의 성장을 돕는 것이다. 바다 표면 근처에 부유하는 미생물을 통틀어 식물 플랑크톤이라 일컫는다. 어류의 먹이이며 광합성을 한다. 식물 플랑크톤은 광합성을 위해 수중에 용해된 이산화탄소를 사용한다. 광합성이 왕성해지면 대기권의 이산화탄소까지 흡수한다. 광합성에는 미량의 철이 필요하다. 철이 부족하면 광합성이 원활하지 못해 이산화탄소가 흡수되기 어렵다.

2003년 미국 해양대기국(NOAA)의 보고서에 따르면 태평양 갈라파고스 제도 부근 바닷속에 철이 부족해서 식물 플랑크톤의 수가 줄어들고 있다. 따라서 2007년 5월부터 이 부근에 적철광 50톤을 뿌리는 실험이 시작되었다. 똑같은 실험이 여섯 차례 실시되고 나면 지구온

난화 대책으로 효과적인 수단이 될 수 있을지 판가름 날 전망이다.

지구 상공에 햇빛을 차단하는 차양을 만들어서 지구를 식히는 방법은 두 가지가 검토된다. 하나는 대기 속으로 이산화유황 입자를 뿌려 햇빛을 반사시키는 것이고, 다른 하나는 우주에 실리콘 거울을 설치하여 가시광선을 분산시키는 방법이다.

이산화유황 입자로 대기권에 차양을 만드는 아이디어는 화산 폭발에서 비롯되었다. 1991년 6월 필리핀에서 피나투보 화산이 폭발한 결과 황화합물 기체와 분진이 성층권으로 유입되어 지구 전체에 2년 동안 기온 저하가 관측되었다. 이산화유황이 형성하는 황산염 입자는 지구로 들어오는 햇빛을 차단할 만큼 크지만, 지구로부터 복사열의 형태로 우주로 빠져나가는 적외선의 파장보다는 작기 때문에 차양 역할이 가능한 것이다. 이산화유황은 수직관을 통해 성층권 가까이 10킬로미터까지 간단히 퍼 올릴 수 있다. 이러한 방법은 비용도 적게 들고 기술적으로 걸림돌이 없지만 대기권에서 진행되는 일이므로 부작용을 염려하지 않을 수 없다.

2007년 『지구물리 연구 통신Geophysical Research Letters』 8월 1일 자에 발표된 논문에서 미국 대기과학자인 케빈 트렌버스는 유황 차양이 강우량에 심각한 영향을 미쳐 지구의 물 흐름이 교란되면 많은 지역에서 가뭄과 식수 부족으로 시달릴 것이라고 경고했다.

유황 차양의 결함이 예상되면서 비용은 더 많이 소요되지만 위험 요인은 거의 없는 방법으로 우주에 차양을 설치하는 아이디어가 제안되어 미국 항공우주국(나사)의 지원으로 소규모 실험이 진행되었다.

미국 애리조나대의 천문학자인 로저 에인즐은 우주 차양이 실현 가능하다고 확신했다. 2006년 『미 국립과학원 회보(PNAS)』 11월 14일자에 발표한 논문에서 에인즐은 지름 60센티미터, 무게 1그램의 실리콘 원반 100만 개를 금속 용기에 함께 담아서 우주로 발사시키는 방안을 제안했다. 이 금속 용기는 지구와 태양 사이에 머물면서 거울처럼 지구로 향하는 광선을 분산시킨다.

2007년 11월 9일 미국에서 개최된 지구공학 회의에서 인간에 의해 야기된 기후변화가 인간에 의한 공학적 방법으로 해결될 수 있다는 결론이 도출되었다. 한 전문가는 "200년이 지나면 지구가 한 개의 인공물, 곧 인간이 설계한 작품이 될 것"이라고 말했다. (2008년 1월 19일)

몸으로 정보 교환한다

　사람의 피부를 마치 전선처럼 사용하여 서로 악수만 해도 개인정보를 교환할 수 있는 시대가 다가오고 있다.
　1995년 미국 매사추세츠 공대의 닐 거센펠드 교수는 '생각하는 사물'(Things That Think)이라는 연구 컨소시엄을 만들었다. 물건에 다는 태그(꼬리표)처럼 작은 컴퓨터를 개발하여 안경, 손목시계, 신발 등 필수품에 장착하는 연구에 착수한 것이다. 컴퓨터 태그가 내장된 물건은 지능을 갖게 된다. 사람이 착용한 물건에 부착된 컴퓨터 태그끼리는 정보를 교환할 필요가 있다. 이를 위해 사람의 몸에 네트워크를 형성하는 방안이 강구되었다. 이른바 인체 네트워크(HAN: human area network)의 전원은 신발 뒤축에 넣는 발전기로 해결하거나 사람이 걸을 때 몸에서 발생하는 에너지로 충당할 계획이었다.

거센펠드는 인체 네트워크가 실현되면 사람들이 피부 접촉만으로도 의사소통이 가능해질 것이라고 기대했다. 단 한 번의 악수로 경력, 전화번호, 취미 등에 관한 정보를 즉시 주고받게 되는 세상을 꿈꾼 셈이다. 거센펠드의 꿈은 아직 실현되지 않았지만 미국과 일본의 유수 기업들은 인체 네트워크 개발에 도전하여 괄목할 만한 성과를 거두었다.

2004년 미국 마이크로소프트는 몸에 부착한 다수의 센서를 인체 네트워크로 연결하는 기술에 대한 특허를 획득했다. 이 기술로 가령 귀고리 안에 넣어 둔 혈압 측정 장치를 휴대용 컴퓨터와 연결하면 실시간으로 건강 상태를 확인할 수 있다고 주장했다. 그러나 아직은 제품 개발로 이어지지는 않고 있다.

매사추세츠 공대나 마이크로소프트가 아이디어 단계에 머물고 있는 까닭은 사람의 피부 위로 약한 전류를 흐르게 하는 방법이 쉽지 않기 때문이다. 게다가 발가락을 움직이거나 땀을 한 방울 흘릴 경우에도 인체 네트워크가 교란될 수 있다. 그런데 일본 기술진들은 이러한 문제를 해결한 것으로 알려졌다.

2004년 마쓰시타 전기는 세계 최초로 '인체 통신'(human body communication)이라고 명명된 기술을 실용화했다고 발표했다. 손목에 부착하는 성냥갑 크기의 장치로서 착용자가 다른 통신기기에 손을 대면 초당 3,700비트의 속도로 데이터 전송이 가능하다.

마쓰시타는 첫 번째로 활용될 분야는 슈퍼마켓의 바코드 시스템

이라고 밝혔다. 이 장치를 착용한 종업원이 상품에 손만 대면 금액이 금방 계산될 것이라고 주장했다. 하지만 인체를 통신수단으로 사용하는 데 따른 안전상 문제로 제품 판매 여부를 놓고 고민 중인 것으로 알려졌다.

그러나 일본전신전화(NTT)는 세계 인체 네트워크 시장을 선점하기 위해 전력투구하고 있다. 2005년 2월 '레드택턴(RedTacton)'이라는 장치를 선보였다. 장치의 이름 속에 몇 가지 의미가 함축되어 있다. 정보교환이 접촉(touch)에 의해 시작되어 다양한 작용(action)을 일으킨다는 뜻에서 택턴이라고 명명했으며, 정보교환이 체온처럼 따뜻함을 지니길 바라는 뜻에서 붉은색(red)을 덧붙였다. 레드택턴은 한마디로 손, 발, 얼굴 등 인체의 모든 피부를 정보 전송 통로로 사용하는 인체 네트워크 기술이다.

2007년 영국 주간지 『뉴 사이언티스트』 11월 17일 자에 따르면 레드택턴 카드의 크기가 휴대전화에 끼워 넣을 정도로 소형화되었다. 레드택턴 카드가 삽입된 휴대전화를 가진 사람들끼리 악수를 하면 피부를 통해 각종 정보를 초당 10메가비트의 속도로 교환할 수 있다. 한 번의 악수가 인사 이상의 의미를 지니는 세상이 온 것이다.

레드택턴 기술의 활용 범위는 무궁무진할 것 같다. 문고리를 만지면 신원을 확인하여 출입을 허용하고, 컴퓨터에 특정인이 손을 대야만 사용 가능하게 하고, 노인이 잘못된 약을 집으면 약병에서 경고음이 나도록 할 수 있다. 하지만 악덕 기업주가 종업원의 의자에 레드택턴 센서를 몰래 부착해서 일거수일투족을 감시하지 말란 법이 없지 않을는지. (2008년 1월 26일)

이인식의 멋진과학 043
남자도 수다스럽다

여성에 대한 부정적인 고정관념은 한두 가지가 아니다. 그중 하나는 여자가 남자보다 말이 많다는 것이다. 이런 생각에는 여자들이 많은 말을 쏟아 내지만 쓸모 있는 내용은 별로 없다는 의미가 담겨 있다. 여성이 대접받지 못하는 사회 분위기에 편승하여 남자와 여자의 차이를 과장한 책들이 곧잘 세계적 베스트셀러가 되었다.

1993년 4월 미국 정신의학자인 존 그레이가 펴낸 『화성에서 온 남자, 금성에서 온 여자』는 수백만 부가 팔렸으며, 2000년 6월 미국 저술가인 앨런 피스가 펴낸 『왜 남자는 듣지 않으며 여자는 지도를 읽을 수 없을까』는 1200만 부 넘게 판매되었다. 이 책에서 피스는 지구 상에서 가장 수다스러운 사람은 이탈리아 여자라고 주장했다. 이들은 하루에 6,000~8,000단어까지 재잘거린다. 또한 의사소통을 위해 추가로 2,000~3,000개의 목소리뿐만 아니라 8,000~1만 개의 몸짓과 표정을 사용한다. 이탈리아 여자들은 뜻을 전달하기 위해 하루에 평균 2만여 개의 신호를 이용하는 셈이다. 서양 여자들은 이탈리아 여자들보다 20퍼센트가량 적게 신호를 사용하여 의사소통한다. 피스는 턱에 문제가 발생하는 확률이 여자가 남자보다 네 배 높은 이유도 여자들이 말을 많이 하기 때문이라고 설명했다.

여자가 수다쟁이라는 신화는 요지부동이었으나 2006년부터 학계의 쟁점으로 부상했다. 같은 해 8월 캘리포니아대의 정신의학자인 루앤 브리젠딘이 펴낸 『여성의 뇌 The Female Brain』에서 여자는 하루에 2만 단어, 남자는 고작해야 7,000단어를 사용한다고 주장한 것이 계기가 되었다. 브리젠딘의 통계자료는 다른 학자들을 자극할 만했다.

애리조나대의 심리학자인 매티어스 멜은 곧장 연구에 착수했다. 그는 언어가 정신 건강에 미치는 영향을 알아보기 위해 1998년부터 2004년까지 대학생들을 상대로 매일 사용하는 언어를 녹음한 자료를 보관하고 있었다. 수백 명의 대학생에게 특수 전자장치를 2~10일간 착용시킨 뒤 하루에 12.5분마다 30초 동안 소리를 녹음해 둔 자료였다. 멜은 자료를 뒤적여 남학생 186명, 여학생 210명의 소리를 분석한 결과 하루 평균 남자는 1만 5,669개의 단어를 사용한 반면 여자는 1만 6,215개의 단어를 구사한 것으로 추정되었다. 멜은 여자가 남자보다 별로 수다스럽지 않다는 결론을 내리고 2007년 『사이언스』 7월 5일 자에 연구 결과를 발표했다.

멜은 말의 많고 적음이 남녀의 차이보다는 개인의 차이라는 사실을 발견했다. 가장 말수가 적은 남자는 하루에 700단어밖에 쓰지 않았지만 가장 말 많은 남자는 무려 4만 7,000단어를 사용했다. 이는 하루에 깨어 있는 동안 1분마다 50개 단어를 재잘거린 셈이다. 멜의 연구는 몇 가지 고정관념을 확인해 주기도 했다. 여자들은 전화기 앞에서 수다를 떠느라고 시간 가는 줄 모르고, 남자들은 상스러운 말을 여자보다 5~6배 더 주고받는 것으로 나타났다. 또한 여자들은 유행과 소문, 남자들은 돈과 스포츠에 대해 더 많은 대화를 나누는 것으로 밝혀졌다.

여자가 남자보다 수다스럽지 않다는 멜의 주장은 많은 지지를 받았다. 캘리포니아대의 캠벨 리퍼는 오히려 남자가 여자보다 말이 많

다는 연구 결과를 내놓았다. 2007년 『인성과 사회심리학 평론(PSPR)』 11월호에 발표한 논문에서 성인들의 수다스러움을 측정한 60여 개의 기존 연구를 분석한 결과 비록 아주 적은 차이이지만 남자가 여자보다 말이 더 많은 것으로 밝혀졌다고 주장했다. 리퍼에 따르면 상황에 따라 남녀의 수다스러움이 다르게 나타났다. 남녀 모두 같은 성끼리의 모임에서는 똑같이 말이 많지만, 남녀가 섞인 자리에서는 남자들이 대화를 주도하며 자신을 과시하려는 경향을 드러냈다. 여자가 말이 많다는 편견은 동서고금을 통해 뿌리 깊은 성차별주의에서 비롯된 것이다. 이제는 여자들이 수다를 떨며 겸연쩍어하지 않아도 될 것 같다. (2008년 2월 2일)

이인식의 멋진과학 044
뇌 안의 거울

　신생아실의 아기들이 부모의 얼굴 표정을 흉내 내는 모습을 종종 볼 수 있다. 출생 직후에 모방이 가능한 것은 우리가 다른 사람의 행동을 지켜볼 때 마치 자신이 그 행동을 하는 것처럼 활성화되는 신경세포(뉴런) 집단이 뇌 안에 존재하기 때문이다.
　이 뉴런은 남의 행동을 보기만 해도 관찰자가 직접 그 행동을 할 때와 똑같은 반응을 나타내므로, 남의 행동을 그대로 비추는 거울 같다는 의미에서 거울뉴런(mirror neuron)이라 명명되었다.
　거울뉴런은 우연히 발견되었다. 이탈리아 파르마대의 신경과학자인 지아코모 리조라티는 짧은꼬리원숭이의 전운동피질(premotor cortex)에 전극을 꽂고 운동과 관련된 뇌 기능을 연구하고 있었다. 원

숭이가 어떤 행동을 할 때 활성화된 뉴런 집단이 다른 원숭이가 그 행동을 하는 것을 지켜볼 때에도 똑같이 반응하는 현상이 관찰되었다. 리조라티는 1996년『브레인』4월호에 거울뉴런 발견을 보고하는 논문을 발표하였다.

거울뉴런의 존재는 우리가 관찰한 타인의 행동은 무엇이든지 마음속에서 그대로 본뜰 수 있다는 것을 의미한다. 거울뉴런 덕분에 우리는 웃고, 춤추고, 운동하는 방법을 배울 수 있는 것이다. 거울뉴런을 이해하면 왜 다른 사람이 하품하는 모습을 보면 전염이 되어 입을 벌리게 되고, 왜 영화를 보다가 주인공이 눈물을 흘리면 감정이입이 되어 따라서 울게 되는지 알 수 있다. 사람은 거울뉴런을 이용하여 남의 행동을 모방할 뿐만 아니라 그 의미를 깨달을 수 있다. 따라서 남을 배려하는 마음이 모자란 사람이나, 사람 만나기를 싫어하여 자기만의 세계에 틀어박히려는 자폐증 환자들은 거울뉴런에 문제가 있을지 모른다는 의견이 제시되었다.

캘리포니아대의 신경과학자인 빌라야누르 라마찬드란은 2006년 『사이언티픽 아메리칸』 11월호에 기고한 글에서 "자폐증 환자는 전운동피질 등 뇌의 여러 부위에 분포된 거울뉴런의 활동 저하로 말미암아 타인의 의도를 이해하지 못하고 감정이입 능력이 부족하여 사회적으로 고립된다."고 주장했다. 바꾸어 말하면 거울뉴런의 기능을 회복시키는 방법으로 자폐증 치료가 가능하다는 것이다.

사람 뇌에서 거울뉴런의 존재는 기능성 자기공명영상 연구에 의해 간접적으로 확인된 상태였으나 2007년 최초로 그 실체가 밝혀졌다. 11월 3일 미국에서 개최된 제37차 신경과학회 총회에서 캘리포니아대의 신경과학자인 마르코 야코보니는 처음으로 거울뉴런을 관찰했다고 보고했다. 야코보니는 간질 환자의 전두엽에 전극을 삽입하여 거울뉴런 34개를 확인한 것으로 알려졌다.

거울뉴런이 발견된 지 올해로 12년째를 맞이하지만 갈수록 많은 연구 성과가 나올 것으로 전망된다. 2008년 들어 거울뉴런이 목소리에 의한 의사 전달에서도 역할을 한다는 사실을 최초로 밝힌 연구 논문이 발표되었다. 『네이처』 1월 17일 자에 실린 논문에서 미국 듀크대의 리처드 무니는 습지에 사는 참새의 뇌에서 거울뉴런과 유사한 세포를 발견했다고 보고했다. 이 뉴런은 다른 참새가 자신의 노래를 똑같이 부르는 소리를 들을 때 활성화되었다. 이 연구는 인간의 언어능력에서 거울뉴런의 역할을 규명하는 데 크게 도움이 될 것으로 평가된다.

거울뉴런이 뇌 안에서 타인의 의사와 행동을 이해하는 핵심 역할을 하는 것으로 여겨짐에 따라 5만 년 전 인류 문화가 시작된 것은 거울뉴런 덕분이라는 분석도 나왔다. 라마찬드란은 현생 인류의 뇌가 20만 년 동안 현재와 같은 크기임에도 불구하고 거울뉴런이 인류에게 언어와 도구를 사용하는 능력을 제공했기 때문에 문화가 출현할 수 있었다고 분석했다. 그는 1953년 유전자(DNA) 분자구조 발견으로 생물학이 도약한 것처럼 1996년 거울뉴런 발견으로 심리학이 발전할 것을 기대했다. 거울뉴런으로 마음의 수수께끼가 얼마나 밝혀질지 궁금하다. (2008년 2월 16일)

키스는 과학이다

연인들은 입을 맞출 때 코의 충돌을 피하기 위해 서로 얼굴을 약간 돌린다. 독일 루르대의 심리학자인 오누르 귄튀르퀸은 미국, 독일, 터키에서 124쌍의 연인이 키스하는 모습을 지켜본 뒤 입술을 대기 전에 머리를 오른쪽으로 기울이는 사람이 왼쪽으로 향하는 사람보다 두 배가량 많은 것을 알아냈다.

2003년 『네이처』 2월 13일 자에 발표한 논문에서 귄튀르퀸은 오른쪽으로 고개를 돌리는 사람이 많은 까닭은 어린 시절 어머니 품속에서 생긴 버릇 때문이라고 분석했다. 어머니의 80퍼센트는 아기를 자신의 왼쪽에 눕혀 놓고 키운다. 따라서 아기는 어머니를 보기 위해 오른쪽으로 향하지 않으면 안 된다.

그 결과로 대부분의 사람들은 고개를 오른쪽으로 돌리면서 따뜻하고 안전한 느낌을 맛보게 되었다는 것이다. 귄튀르퀸의 연구를 지지하는 몇몇 과학자들은 키스할 때 머리를 왼쪽으로 돌리는 사람은 오른쪽으로 향하는 연인보다 사랑의 강도가 높지 않다고 주장했다.

키스는 애정을 표현하는 가장 단순하고 자연스러운 행위이다. 하지만 과학자들은 키스의 단순한 몸짓 속에 의외로 복잡한 수수께끼가 숨겨져 있다고 여겨서 다양한 연구를 진행 중이다.

미국 뉴욕 주립대의 진화심리학자인 고든 갤럽은 대학생 1,041명을 대상으로 키스에 대한 남녀의 차이를 조사했다. 남자는 대부분 혀를 깊숙이 밀어 넣는 입맞춤을 시도하여 성적으로 더 깊은 관계로 나아가려고 한 반면, 여자는 키스를 통해 정서적으로 더 긴밀한 사이

가 되길 바라는 것으로 나타났다.

2007년 계간 『진화심리학Evolutionary Psychology』 제3호에 실린 논문에서 갤럽은 키스가 상대방의 유전적 자질에 관한 정보를 무의식적으로 전달하는 행위로 진화되었다고 전제하고, 여성은 입술을 포개는 순간 그 남자가 오래 사귈 만한 상대인지를 판단한다고 주장했다.

갤럽과 같은 진화심리학자들은 키스가 좋은 짝을 고르기 위한 수단으로 진화되었다고 주장하지만 반드시 그런 것 같지도 않다. 인류의 모든 문화권에서 키스가 보편화된 행위가 아니기 때문이다. 찰스 다윈은 1872년 저서에서 키스가 뉴질랜드 원주민, 파푸아 족, 에스키모인 등에게는 알려지지 않았다고 적었으며, 영국 인류학자인 브로니슬라브 말리노프스키는 1929년 저서에서 트로브리안드 군도의 원주민은 키스할 줄 모른다고 썼다.

인간생태학의 선구자인 독일의 이레노이스 아이블-아이베스펠트는 1970년 펴낸 『사랑과 미움Liebe und Hass』에서 인류의 10퍼센트가 사랑의 표현으로 입술을 접촉하지 않는다고 주장했다. 이 비율을 현재 세계 인구에 적용하면 6억 5000만 명이 키스의 달콤한 맛을 모른 채 사랑과 섹스를 하고 있는 셈이다.

키스는 몸 냄새를 교환할 뿐만 아니라 마음의 상태, 곧 성적 욕망, 스트레스, 사회적 유대 등을 지배하는 화학물질을 분비시킨다. 미국 라파예트 칼리지의 심리학자인 웬디 힐은 남녀 15쌍을 대상으로 키스 전과 후, 손을 잡고 대화하기 전과 후 각각에 대해 코티솔과 옥시토신의 상태를 비교했다.

코티솔은 스트레스를 받으면 분비되는 호르몬이다. 옥시토신은 사회적 유대를 촉진시키므로 포옹 호르몬이라 불린다. 섹스를 끝낸 뒤에도 여자가 남자를 꼭 껴안고 싶어 하는 것은 옥시토신 때문이다. 힐의 예상대로 코티솔은 혈중농도가 떨어져 키스가 스트레스를 완화하는 것으로 확인되었다. 그러나 옥시토신의 경우 놀라운 결과가 나타났다. 남자는 옥시토신의 분비량이 증가했지만, 여자들의 경우 감소한 것으로 밝혀졌기 때문이다.

힐은 여성이 남자와 신체적 접촉을 하는 동안에 정서적으로 유대감을 느끼거나 성적으로 흥분하기 위해서는 키스 이상의 무엇이 반드시 요구된다는 결론에 도달했다. 2007년 11월 3일 미국에서 개최된 신경과학회 총회에 연구 결과를 보고하면서 힐은 젊은 여성들과 키스할 때 로맨틱한 분위기를 조성하는 것이 무엇보다 중요하다고 강조했다. (2008년 2월 23일)

죽음의 공포에 맞선다

    톨스토이의 중편소설 『이반 일리치의 죽음』(1886)은 죽음을 다룬 문학작품 가운데 최고의 걸작으로 평가된다. 톨스토이는 불치병에 걸린 주인공이 죽음의 언저리에서 표출하는 공포, 불안, 고독, 절망 등의 부정적인 심리 상태를 너무도 사실적으로 묘사하고, 최후의 순간에 죽음에 대한 두려움을 극복하는 과정을 보여 준다.

    톨스토이는 이 소설에서 대부분의 사람들이 마침내 죽게 될 존재임을 습관적으로 부인하며, 애써 죽음으로부터 도피하고 싶어 한다는 사실을 일깨워 준다. 죽음에 대한 부인은 키에르케고르 등 실존주의 철학자들이 매달린 단골 주제이다. 이들의 연구를 바탕으로 미국의 문화인류학자 어네스트 베커(1924~1974)는 1973년 『죽음의 부인

The Denial of Death』을 펴냈다. 베커가 암으로 사망한 직후 1974년 퓰리처상을 안겨 준 이 저서는 몇몇 사회심리학자들에게 지대한 영향을 미쳤다.

1980년대 후반에 미국 스키드머 칼리지의 셸던 솔로몬, 애리조나대의 제프 그린버그 등은 베커의 주장을 지지하는 공포 관리 이론(terror management theory)을 만들었다. 공포 관리 이론은 인간이 죽음의 문제에 대처하는 심리 상태를 분석하는 이론이다. 이를테면 인간이 결국 죽게 된다는 사실을 알고 있기 때문에 피할 수 없는 공포에 직면했을 때 표출되는 정서적 반응을 이론적으로 설명하고 있다.

2007년 미국 켄터키대의 심리학자인 너선 드월은 공포 관리 이론을 검증하는 실험을 실시하고 그 결과를 같은 해 『심리과학』 11월호에 발표했다. 드월은 대학생 432명을 둘로 나누어 각각 다른 내용을 주문했다. 학생 절반에게는 죽음에 관해 숙고하고 죽어 갈 때 발생할 것으로 예상되는 일들을 짧은 글로 작성하도록 요청했다. 나머지 절반에게는 불쾌하지만 결코 위협적이지 않은 치통을 생각하며 느낌을 글로 쓰도록 부탁했다 실험의 목적은 대학생들이 서로 다른 상황에서 나타내는 정서 반응을 비교하는 것이었다. 정서 반응은 의식적인 상태와 무의식 상태 각각에 대해 측정했다. 의식적인 상태에서는 대학생 모두 똑같은 정서 반응을 나타냈지만 무의식 상태에서는 죽음에 관련된 학생 집단이 뜻밖에도 행복감 등 긍정적인 반응을 나타낸 것으로 밝혀졌다. 자신의 죽음에 대해 숙고하면서 사람들이 슬퍼하기는커녕 행복을 느낀다는 놀라운 결과가 나온 것이다. 이 실험 결과는 사람들이 늙어 가면서 죽을 때가 가까워 옴에도 불구하고 긍정적인 생각을 하는 이유를 설명해 준다고 볼 수 있다.

드월은 이런 정서 반응이 나타나는 현상은 일종의 심리적 면역반응(psychological immune response)이라고 설명했다. 면역은 사람 몸 안에 병원균이 침입할 때 이를 물리치는 저항력이다. 일부 사회심리학자들은 사람 몸뿐만 아니라 마음에도 면역 기능이 있다고 주장했다. 미국의 허먼 케이건은 2005년 『심리적 면역계』를 출간하고 사람이 살아가면서 부정적 사건에 휘말렸을 때 극단적인 생각을 하지 않도록 인간을 보호하는 기능이 존재한다고 주장했다. 하버드대의 심리학자인 대니얼 길버트 역시 2006년 5월 펴낸 『행복에 걸려 비틀거리다 Stumbling on Happiness』에서 심리적 면역반응의 이론적 근거를 제시했다.

드월은 우리가 자신의 죽음에 대해 생각할 때 뇌가 무의식적으로 행복한 느낌을 촉발시켜 자동적으로 의식적인 공포의 느낌에 대처하는 것은 심리적 면역반응이 아닐 수 없다고 분석했다. 드월은 건강한 사람들이 불행한 사건, 가령 승진 탈락, 부부 갈등, 사업 실패 등을 감당하는 것도 심리적 면역계 덕분이라고 주장했다.

톨스토이 소설에서 주인공 이반 일리치는 죽기 직전 삶이란 매 순간 죽음을 향해 나아가는 과정임을 깨닫는다. 그는 죽음에 대한 막연한 공포에서 벗어나 "원래 이런 것이구나……. 얼마나 즐거운 일인가!"라고 외치며 세상을 떠난다. (2008년 3월 1일)

트롤리 문제에 담긴 뜻

　인류를 만물의 영장으로 만든 요소의 하나로 도덕적 본성을 꼽는다. 사람에게 선과 악, 옳고 그름을 판별하는 능력이 없었다면 여느 짐승들처럼 야비하고 잔혹했을 것이다. 철학자들은 윤리적 판단이 이성과 감성 어느 쪽에 의해 가능한 것인지를 놓고 오랫동안 다투었으나 해답을 얻지 못했다. 관념론자인 독일의 이마누엘 칸트는 옳고 그름은 합리적으로 판단된다고 주장한 반면, 경험론자인 영국의 데이비드 흄은 "도덕은 판단되기보다는 느껴지는 것"이라고 주장했다.
　이성과 감성이 윤리적 판단에 미치는 영향을 분석하는 과학자들이 선호하는 시나리오는 '트롤리 문제'(trolley problem)이다. 트롤리는 손으로 작동되는 전차이다. 트롤리 문제는 두 개의 시나리오로 구성된다. 하나는 트롤리의 선로를 변경하는 시나리오이다. 트롤리가 달리는 선로 위에 다섯 명이 서 있다. 트롤리가 그대로 질주하면 모두 죽게 된다. 트롤리의 선로를 바꿔 주면 모두 살릴 수 있다. 하지만 다른 선로 위에 한 사람이 서 있다. 트롤리의 선로를 변경하면 그 사람은 죽을 수밖에 없다. 다른 하나의 시나리오는 트롤리 앞으로 한 사람을 밀어 넣는 것이다. 선로 위의 다섯 명을 구하기 위해 사람의 몸으로 트롤리를 가로막아 정지시키는 경우이다. 두 시나리오는 트롤리를 저지하는 방법이 다르지만 다섯 명을 살리기 위해 한 사람을 희생시킨다는 점에서는 매한가지이다.

하버드대 심리학자인 조슈아 그린은 사람들이 트롤리 문제의 딜레마에 대처하는 심리 상태를 연구했다. 실험 대상자 거의 모두가 첫 번째 시나리오에는 공감했으나 두 번째 시나리오는 반대했다. 다섯 명을 살리기 위해 트롤리의 선로를 바꿀 수는 있지만 트롤리 앞으로 사람을 떠밀어 죽게 할 수는 없다고 대답한 것이다. 결과가 같은 두 시나리오 중에서 한 개는 동의하고 다른 한 개는 거부하는 이유를 알아보기 위해 그린은 대상자들의 뇌 속을 기능성 자기공명영상 장치로 들여다보았다. 두 번째 시나리오가 첫 번째 시나리오보다 더 강력하게 정서와 관련된 부위를 활성화시키는 것으로 나타났다. 2001년 『사이언스』 9월 14일 자에 발표한 논문에서 그린은 이성이 윤리적 판단을 좌우한다는 대다수 철학자들의 주장과 달리 감정이 중요한 역할을 한다고 말했다. 정서가 예상외로 윤리적 문제에 지대한 영향을 미친다는 사실을 과학적으로 밝혀낸 최초의 연구로 평가된다.

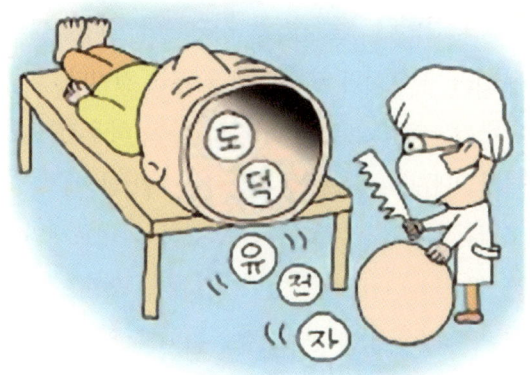

　2007년 아이오와대의 신경과학자인 마이클 쾨니그스는 트롤리 문제가 포함된 네 종류의 시나리오를 사용하여 윤리적 판단을 내릴 때 뇌 안에서 일어나는 반응을 연구했다. 실험 대상자 중에는 복내측 전전두 피질(VMPC)이 손상된 환자도 섞여 있었다. 대뇌피질의 앞쪽에 위치한 VMPC는 공감, 동정, 수치, 죄책감 같은 사회적 정서 반응과 관련된다. 같은 해 『네이처』 4월 19일 자에 발표한 논문에서 쾨니그스는 VMPC가 손상된 사람들이 도덕적 딜레마에 처했을 때 좀 더 실용적인 선택, 곧 소수보다 다수에게 이익이 되는 쪽을 선호하는 것으로 나타났다고 밝혔다. 예컨대 VMPC 환자들은 정상적인 사람들보다 트롤리 문제의 두 번째 시나리오를 3배 더 쉽게 받아들였다. 이런 냉혹한 반응이 나타난 까닭은 VMPC 손상으로 사회적 정서 기능이 약화됨과 아울러 실리를 따지는 이성적 기능이 더욱 활성화되었기 때문이라고 볼 수 있다. 요컨대 윤리적 판단은 VMPC에서 제어되는 도덕 감정의 영향을 받고 있는 것이다.

하버드대의 인지심리학자인 마크 하우저는 2006년 8월 펴낸 『도덕적 마음 Moral minds』에서 사람은 태어날 때부터 선과 악을 판별하는 도덕관념을 갖고 있다고 주장했다. 하버드대의 진화심리학자인 스티븐 핑커는 지난 1월 13일 자 「뉴욕 타임스 매거진」의 커버스토리로 실린 도덕 본성에 관한 글에서 도덕 유전자가 존재할 만한 상황 증거는 있다고 거들었다. (2008년 3월 8일)

머리에 좋은 음식

우리가 날마다 먹는 음식은 몸뿐만 아니라 마음에도 많은 영향을 끼친다는 연구 결과가 잇따라 발표되고 있다. 어떤 음식을 언제 먹느냐에 따라 기억, 학습, 집중력, 의사결정 등 뇌의 활동에 변화가 발생하는 것으로 밝혀졌다.

사람의 뇌는 몸무게의 2퍼센트를 차지하지만 몸이 사용하는 에너지의 20퍼센트를 소모한다. 뇌는 근육과 달리 포도당과 같은 탄수화물을 저장할 수 없다. 혈액을 통해 뇌로 운반되는 포도당은 뇌세포의 연료로 사용된다. 따라서 영양을 충분히 섭취하지 못해 에너지 공급원인 포도당의 혈중농도가 낮아지면 뇌 기능이 약화되어 집중력이 떨어지게 된다. 물론 포도당의 혈중농도가 지나치게 높을 경우에도 정신 기능에 문제가 발생한다. 요컨대 포도당의 혈중농도가 적정 수준에서 유지될 때 뇌가 가장 잘 작용할 수 있다. 콩류나 채소 같은 음식은 포도당 수준을 천천히 올려 주기 때문에 뇌 기능 증진에 도움이 되는 것으로 여겨진다.

뇌의 세포가 포도당을 신진대사 하려면 산소가 필요하며, 산소는 헤모글로빈에 의해 뇌로 운반된다. 헤모글로빈은 적혈구 안에 있으며, 철을 함유한 색소와 단백질의 화합물이다. 따라서 뇌 기능을 위해 철분을 충분히 섭취할 필요가 있다. 어린 시절 철이 부족하면 뇌 발육이 지체되어 말하고 읽는 능력에 상당한 장애가 발생한다. 성인, 특히 임신을 앞둔 여성은 철분이 가장 많이 요구된다. 미국에서는 매일 섭취할 철의 양을 남자에게는 8밀리그램으로 추천하는 반면, 가임기 여성에게는 18밀리그램을 권고한다. 2007년 미국의 영양학자인 존스홉킨스대의 로라 머레이-콜브는 『미국 임상영양학 저널(AJCN)』 3월호에 발표한 논문에서 혈중 철분 농도가 젊은 여성의 인지능력에 영향을 미칠 수 있음이 확인되었다고 밝혔다.

또한 성인의 뇌는 아미노산에 크게 의존한다. 아미노산은 단백질의 기본 구성 요소이다. 단백질 없이는 생명의 존립이 불가능하다. 단백질 역시 포도당의 혈중농도를 안정화시켜 주의력 강화에 기여한다. 그러나 고단백질의 음식은 아미노산인 트립토판(tryptophan)의 수준에 나쁜 영향을 미친다. 트립토판은 신경전달물질인 세로토닌의 전 단계 물질이다. 세로토닌은 뇌에서 정보를 전달할 뿐만 아니라 기분에도 영향을 미친다. 뇌의 세로토닌 수치가 높아지면 기분도 좋아지지

만 기억과 학습 같은 인지 기능이 활성화된다. 음식의 단백질에는 트립토판이 다른 아미노산에 비해 적게 함유되어 있으므로 고단백질의 식사를 하면 그만큼 트립토판의 수준이 감소하는 결과가 초래되는 것이다. 이러한 트립토판의 부족이 장기기억과 정보처리 능력의 결손을 야기한다는 연구 결과가 나왔다. 어쨌든 뇌 안에서 트립토판의 수준을 끌어올리면 인지능력에 도움이 될 수 있다. 트립토판은 생선, 달걀, 치즈, 콩, 견과류, 우유 같은 식품에 함유되어 있다.

불포화지방 역시 뇌를 위해 좋은 음식이다. 특히 고등어, 참치, 청어 같은 어류에서 발견되는 오메가3지방산이 그렇다. 또한 어류 섭취가 태아의 뇌에 유익하다는 연구 결과가 나왔다. 미국의 영양학자인 조지프 히벨른은 임신한 여성을 대상으로 해산 식품 섭취가 그들자녀의 행동과 인지능력 발달에 미치는 영향을 분석했다. 2007년 영국 의학 전문지 『랜싯Lancet』 2월 17일 자에 발표된 논문에서 히벨른은 임신 중에 어류를 적게 먹은 산모의 자식일수록 지능지수가 낮고 의사소통 능력이 뒤떨어지는 것으로 드러났다고 보고했다.

포도당에서 불포화지방산까지 음식에 들어 있는 영양소가 뇌의 인지 기능에 영향을 주고 있음이 확인되었다. 일반적으로 몸에 좋은 음식은 머리에도 좋은 것으로 밝혀졌다. 어떤 음식을 먹느냐는 것 못지않게 언제 먹는가에 따라 정신적 능력이 극대화될 수 있다는 연구 결과도 여러 차례 발표되었다. 특히 충실한 아침 식사가 어린이들의 성적을 끌어올리는 것으로 나타났다. (2008년 3월 15일)

흑인과 원숭이

누구나 고향이나 취미가 같은 사람들끼리 모임을 만들어 어울리기를 좋아한다. 각종 동창회나 조기 축구회, 심지어 폭주족은 인간이 무리를 짓는 성향을 타고난 존재임을 여실히 보여 준다. 사람들은 자신이 속한 집단의 구성원이 아니면 달갑지 않은 반응을 나타낸다. 특히 인종이나 민족이 다르면 이질감이나 증오심을 갖게 마련이다. 과학자들은 다른 민족을 멸시하는 자기 민족 중심주의(ethnocentrism)가 인류의 진화 과정에서 마음속 깊숙이 뿌리내린 본성의 일부이기 때문에 병적인 문제로 치부하면 해결책을 찾을 수 없다고 주장한다.

1993년 미국 미시간대의 심리학자인 로렌스 허슈펠드는 인종적 편견이 인간의 마음에 깊이 스며들어 있음을 밝혀낸 연구 결과를 발

표했다. 그는 세 살 이하의 어린이들에게 먼저 경찰관 제복을 입힌 뚱뚱한 흑인 소년의 그림 한 장을 보여 주었다. 이어서 흑인, 뚱뚱한 몸매, 경찰관 제복의 세 가지 특징 중에서 두 개씩을 갖춘 어른 서너 명의 사진을 보여 주었다. 실험 대상자들에게 흑인 소년이 어느 어른으로 성장한 것처럼 보이는지를 물어본 결과, 아이들 대부분은 뚱뚱하지도 않고 경찰관 제복을 입지 않았음에도 불구하고 흑인 어른을 골라냈다. 요컨대 세 살이 안된 어린이들도 벌써 피부 빛깔이 중요하다고 생각하는 것으로 밝혀졌다.

2000년 미국 앰허스트 칼리지의 사회심리학자인 앨런 하트는 뇌 영상 연구로 비슷한 결과를 도출했다. 그는 인종차별주의자가 아니라고 주장하는 어른들조차 피부 빛깔에 자동적이고 무의식적으로 반응을 나타내는 것을 확인했다. 백인과 흑인들에게 다른 인종의 얼굴을 보여 줄 때 뇌 안에서 편도체의 반응이 더욱 활성화되었기 때문이다. 편도체는 불안이나 공포 같은 감정을 관장하는 부위이다. 같은 해에 뉴욕대의 신경과학자인 엘리자베스 펠프스는 편도체가 가장 강력하게 활성화된 백인들이 인종적 편견을 측정하는 평가에서 가장 높은 점수를 획득한 것으로 나타났다고 밝혔다.

2008년 스탠퍼드대의 심리학자인 제니퍼 에버하트는 『인성과 사회심리학 저널(JPSP)』 2월호에 인종적 편견이 아직도 미국 사회에 널리 잠복해 있다는 사실을 입증한 논문을 발표했다. 실험에는 대학생 121명이 동원되었다. 이 중에는 백인 60명, 흑인 7명, 동양인 39명이 포함되었다. 이들에게 지각할 수 없는 자극을 가하는 '식역하(識閾下) 자극'(subliminal priming) 기법이 사용되었다. 식역은 자극으로 의식이 각성되어, 감각을 일으키는 그 경계이다. 대학생들에게 백인 한 명과 흑인 한 명의 사진을 짧게 내비친 뒤에 원숭이의 흐릿한 사진을 보여주었다. 흑인 얼굴을 본 대학생들은 원숭이임을 금방 알아챘다. 이는 흑인 사진이 잠재의식에서 흑인과 원숭이 사이에 연상을 불러일으키도록 자극한 결과라 할 수 있다.

에버하트의 연구 결과는 충격으로 받아들여졌다. 미국 사회를 구성하는 다양한 인종들이 무의식적으로 흑인을 백인보다 열등하다고 여길 뿐만 아니라 흑인을 보면 원숭이를 떠올릴 정도로 경멸하고 있다는 사실이 확인된 것이다. 더욱이 잠재의식에서 흑인을 보고 원숭이를 연상한 대학생 가운데 9퍼센트만이 그러한 인종적 편견에 대해

들은 적이 있다고 답변해서 연구진들을 더욱 놀라게 했다. 스스로 인종차별주의자가 아니라고 생각하는 사람들조차 무의식적으로는 흑인을 인간 이하로 내려다볼 정도로 미국 사회에 인종적 편견이 뿌리 깊게 은닉되어 있는 것으로 밝혀졌기 때문이다.

영국 주간지 『뉴 사이언티스트』는 2월 16일 자 논설에서 이러한 부정적 연상을 추방하는 최선의 방법은 긍정적 연상을 하는 것이라고 제안했다. 가령 흑인을 생각할 때마다 넬슨 만델라, 마틴 루터 킹, 코피 아난 같은 인물을 떠올리라는 뜻이다. 이런 맥락에서 미국 최초의 흑인 대통령을 꿈꾸는 버락 오바마 상원의원에 대한 유권자의 반응은 정치적 선택 그 이상의 의미가 있다고 볼 수 있다. (2008년 3월 22일)

이인식의 멋진과학 050
사랑은 거짓말 게임이다

남녀가 사랑을 하게 되면 차가운 머리는 온데간데없이 사라지고 뜨거운 가슴만 뛰는 듯한 느낌에 사로잡힌다. 로맨틱한 사랑에 빠지면 누구나 맹목적으로 되기 때문에 상대방을 합리적으로 판단하는 능력을 상실한 것처럼 여겨진다. 한마디로 로맨틱한 사랑에는 이성이나 지능이 개입할 여지가 없어 보인다. 그러나 짝짓기 지능(mating intelligence)을 연구하는 과학자들은 로맨틱한 사랑이 상대방은 물론 자기 자신을 속이는 고도의 지능적인 게임이라고 말한다.

짝짓기 지능은 2007년 7월 뉴욕 주립대의 사회심리학자인 글렌 게어와 뉴멕시코대의 진화심리학자인 제프리 밀러가 함께 편집한 『짝짓기 지능 Mating Intelligence』에 의해 학문적인 용어가 되었다. 게어와 밀러는 서문에서 짝짓기 지능은 "심리학 연구의 두 분야인 인간 짝짓기와 지능 사이에 다리를 놓기 위해 고안된 개념"이라고 설명하고, 이러한 관점에서 짝짓기 심리와 지능이 인간의 마음에서 서로 관계가 없는 측면이라고 보는 것은 잘못이라고 주장했다.

이 책에 실린 글에서 샌프란시스코대의 심리학자인 머린 오설리번은 로맨틱한 사랑을 하면서 상대방에게 거짓말을 하는 심리를 분석했다. 먼저 남녀가 즐길 듯한 거짓말을 일곱 개씩 선정했다. 남자들이 잘할 것 같은 거짓말 일곱 가지는 ▲자신이 소유한 돈의 액수 ▲성병 감염 여부 ▲결혼과 같은 장래 계획 ▲사랑하지 않으면서 사랑하는 척하는 것 ▲친구와 함께 보내는 시간 ▲여자가 좋아하지 않을 것 같은 과거의 일 ▲다른 사람에게 관심을 갖거나 시시덕거린 일 등에

관한 거짓말이다. 여자들이 즐길 것 같은 거짓말 일곱 가지는 ▲피임 ▲남자의 성적인 신체기관 또는 성적인 수행 능력에 대한 느낌 ▲애인이 얼마나 매력적이고 지적인지 평가하는 것 ▲남자의 몸매 또는 얼굴에 대한 호감 ▲처녀성 등에 관한 거짓말을 포함해서 ▲애인의 감정을 상하지 않게 하기 위해 하는 거짓말 ▲애인을 화나게 하지 않기 위한 거짓말 등이다.

대학생들에게 의견을 물어본 결과, 남자들은 일곱 개 거짓말 중에서 여섯 개를 잘할 것 같다고 응답했다. 한 가지 제외된 것은 일곱 번째로 열거된 항목으로 오히려 여자들이 더 잘할 것 같은 거짓말로 꼽혔다. 한편 여자들은 일곱 개의 거짓말 중에서 오로지 세 가지만을 잘할 것 같다는 대답이 나왔다. 첫 번째(피임), 두 번째(성적인 신체기관 또는 수행 능력에 대한 느낌), 세 번째(애인의 매력과 지적 능력)에 관한 거짓말이다. 대학생들의 평가로는 남녀가 똑같이 잘할 것 같은 거짓말은 ▲동정(처녀성) ▲상대방의 몸매 또는 얼굴에 관한 느낌에 관한 거짓말과 ▲상대방의 감정을 상하지 않게 하려고 하는 거짓말 등 세 가지로 나타났다.

오설리번에 따르면, 이러한 거짓말은 인류가 환경에 적응하여 번식 성공률을 높이기 위해 진화된 것이다. 남자들은 돈이 많고 장기적인 관계에 관심이 많다는 것을 여자에게 알릴 필요가 있었으므로 그러한 거짓말을 곧잘 하게 되었으며, 여자들은 남자에게 정절과 임신 능력을 과시해야 했으므로 그러한 거짓말에 익숙해졌다는 것이다.

오설리번은 한 가지 더 놀라운 연구 결과를 내놓았다. 모든 사람들이 사랑하는 사람에게 거짓말을 한다는 사실을 인정하면서도, 자기 자신이 얼마나 많은 거짓말을 하느냐고 물으면 다른 사람들보다 훨씬 거짓말을 적게 한다고 대답한다는 것이다. 특히 여성들이 이러한 자기기만에 빠지기 쉬운 것으로 나타났다. 오설리번은 이러한 자기기만이 현대사회에 필요한 짝짓기 지능에서 갈수록 중요한 역할을 한다고 주장했다. 왜냐하면 자기기만 능력 덕분에 자신이 선택한 상대가 가장 적합한 짝이라고 스스로 확신할 수 있기 때문이다.

짝짓기 심리 전문가들은 사랑에 성공하려면 거짓말과 자기기만에 익숙해지도록 짝짓기 지능 지수(MQ)를 높여야 한다고 주장한다.

(2008년 3월 29일)

이인식의 멋진과학 051
성격의 5가지 특성

사람마다 사는 방식이 다르다. 누구는 돈을 아껴 쓰는가 하면 누구는 방탕한 생활을 즐긴다. 자신의 실속만 챙기는 얌체도 많지만 남을 배려하는 사람도 적지 않다. 이처럼 차이가 나는 것은 무엇보다 성격이 다르기 때문이다.

심리학자들은 사람의 성격이 다섯 가지 측면으로 구분된다고 본다. 성격에 차이를 부여하는 5대 특성은 ▲지적 개방성(openness to experience) ▲성실성(conscientiousness) ▲외향성(extroversion) ▲친화성(agreeableness) ▲정서 안정성(neuroticism)이다. 영어 첫 글자를 따서 'OCEAN'이라 불린다. 다시 말해 성격은 ▲새로운 생각에 개방적인가 무관심한가 ▲원칙을 준수하는가 제멋대로인가 ▲사교적인가 내성적인가 ▲우호적인가 적대적인가 ▲신경이 과민한가 안정적인가 하는 기준 사이에 다양하게 분포되어 있다. 요컨대 개인의 성격은 5대 특성이 어느 수준으로 섞여 있는가에 따라 결정된다.

신경과학자들은 성격의 5대 특성과 뇌의 관계를 밝히는 연구에 착수했다. 예컨대 쾌락을 추구하거나 위험한 일을 마다하지 않는 외향적인 성격의 소유자는 보상체계의 반응이 활발한 것으로 나타났다. 보상체계는 섹스, 식사, 자식 양육 등 생존에 필수적인 행동이 지속되도록 쾌락으로 보상해 주는 부위이다.

성격의 5대 특성은 인류가 환경에 적응하는 과정에서 진화된 것으로 볼 수 있다. 그렇다면 각 특성은 환경에 따라 유리하거나 불리하게 작용할 수 있다. 이러한 관점에서 영국 뉴캐슬대의 심리학자인 대니얼 네틀은 외향성의 정도에 따라 개인이 처한 상황이 달라지는 것을 연구했다. 2005년 격월간 『진화와 인간 행동Evolution and Human Behavior』 7월호에 545명의 영국 성인을 외향성의 잣대로 분석한 결과를 발표했다. 외향성이 두드러진 사람들은 성관계 상대가 더 많고 경제적으로나 사회적으로 보통 사람들을 앞서는 것으로 나타났다. 그러나 사고나 질병 때문에 병원 신세를 지는 사람들도 더 많았다. 이혼도 더 많이 해서 자식과 함께 살지 못해 가정적으로 불운했다. 외향적인 사람들이 생존경쟁에서 반드시 유리한 것만은 아닌 것으로 밝혀진 셈이다.

2007년 10월 출간된 『개성Personality』에서 네틀은 다른 성격 특성도 외향성처럼 상황에 따라 유리 또는 불리하게 작용한다는 주장을 펼

쳤다. 먼저 친화성이 좋은 사람은 사회적으로 인간관계가 좋다. 그들은 예의 바르고 남의 마음을 헤아릴 줄 알기 때문에 친구들이 많을 수밖에 없다. 하지만 친화력이 강한 사람일수록 다른 사람의 일에 시간과 노력을 많이 쏟아붓느라고 막상 자신의 것은 챙기지 못하기 십상이다. 이런 측면에서 친화성은 예술가나 과학기술자처럼 자신의 일에 전념해야 하는 사람들에게는 성공을 가로막는 걸림돌이 되게 마련이다. 친화성 역시 항상 유리한 성격 특성만은 아닌 것 같다.

개방성 또한 마찬가지이다. 새로운 지식이나 경험에 개방적인 사람들은 사회적으로 출세할 확률이 높은 것으로 알려졌다. 그러나 이러한 특성은 먹고살기 바쁜 세상에서는 거추장스럽기까지 하다. 실리를 추구하는 실용적인 사람들이 개방적인 사람보다 현실적인 문제를 더 잘 처리할 것이기 때문이다. 성실성이 뛰어난 사람들 역시 업무 수행을 잘해서 성공할 가능성이 높긴 하지만 원칙보다는 편법으로 삶을 꾸려 나가는 사람들이 쉽게 포착하는 기회를 그냥 지나쳐 버리는 경우가 많은 것으로 나타났다.

네틀의 결론에 따르면, 모든 환경에서 항상 유리한 성격 특성은 존재하지 않는다. 온갖 종류의 성격이 세파를 견뎌 내는 데 그 나름으로 쓸모가 있다는 뜻이다. 그러나 우리는 누가 문제를 일으키면 성격부터 고치라는 충고를 서슴지 않는다. 네틀은 영국 주간지 『뉴 사이언티스트』 2월 9일 자에 기고한 글에서 성격을 고치려 하기보다는 환경을 바꾸어 보는 것이 더 바람직하다고 주장했다. (2008년 4월 5일)

사이코패스를 알아보는 법

테드 번디, 존 웨인 게이시, 데니스 레이더는 1970년대에 미국을 공포의 도가니로 몰아넣은 연쇄살인범들이다. 번디는 젊은 여성 30명을 곤봉으로 때리고 능욕해서 죽였다고 자백했으나 실제 희생자는 100명이 넘을 것으로 짐작되었다. 게이시는 10대 여성 위주로 33명을 살해하고 27명은 집 마루 밑에 매장했다. 레이더는 10명을 묶어놓고 괴롭히며 교살한 뒤에 경찰에 편지를 보내 범행을 자랑했다. 이들은 전형적인 정신병질자, 곧 사이코패스(psychopath)이다.

1941년 미국의 정신병 의사인 허비 클렉클리는 처음으로 사이코패스를 체계적으로 분석했다. 사이코패스는 외모가 호감이 가고 첫인상이 좋기 때문에 지극히 정상적인 사람처럼 보인다. 그러나 그들은 자기중심적이며 부정직하고 신뢰할 수 없을 뿐 아니라 때때로 아무런 이유 없이 무책임한 행동을 저지른다. 남을 배려하고 사랑하는 감정이 크게 결핍되어 이성과 사귈 때 냉정하고 변덕스럽다. 잘못을 저질러 놓고 버릇처럼 핑계를 대거나 남의 탓으로 돌린다. 충동을 억누르지 못해 곧잘 말썽을 부린다. 대부분의 사이코패스는 남성이다.

사이코패스의 성격을 측정하는 방법으로 가장 유명한 것은 브리티시컬럼비아대의 심리학자인 로버트 해어가 창안한 'PCL-R' (Psychopathy Checklist-Revised)이다. 이 방법으로 분석한 결과, 사이코패스는 최소한 세 가지 결함이 있는 것으로 밝혀졌다. 첫째, 사람을 대할 때 건방지거나 속인다. 둘째, 죄의식이나 배려심이 부족하다. 셋째, 충동적이고 법을 어기는 행동을 한다. 가령 성적으로 난잡하고 절도

를 한다.

2007년 미국 에모리대의 심리학자인 스콧 릴리엔펠드는 『사이언티픽 아메리칸 마인드Scientific American Mind』 12월호의 고정 칼럼에서 사이코패스에 대해 널리 퍼져 있는 세 가지 오해를 분석했다.

첫째, 모든 사이코패스는 폭력적이라는 오해. 물론 테드 번디나 데니스 레이더 같은 사이코패스는 연약한 여성들에게 폭력을 휘두르며 연쇄살인을 했다. 그러나 대다수의 사이코패스는 폭력적이지 않다. 또한 폭력 범죄를 저지른 사람들도 대부분 사이코패스가 아니다. 2007년 4월 16일 버지니아 공대에서 총기를 난사해 32명을 살해하고 자살한 조승희가 좋은 예이다. 사건 직후 세계 언론은 그를 사이코패스라고 진단했다. 그러나 그는 사이코패스가 갖고 있는 성격장애를 거의 갖고 있지 않은 것으로 밝혀졌다. 그는 단지 지나치게 소심하고 수줍은 청년일 따름이었다. 말하자면 그는 폭력적인 범죄를 저질렀지만 결코 사이코패스라고 단정할 수 없다는 뜻이다.

둘째, 모든 사이코패스는 정신병 환자라는 오해. 가령 정신분열증 환자는 평소에 병마에 시달리지만 사이코패스는 대부분 항상 정신이 말짱하다. 자신의 불법적인 행동이 반사회적이라는 사실을 모르고 있는 것은 아니다. 그들은 다른 사람의 시선을 놀라울 정도로 냉담하게 무시하고 그러한 범죄를 저지른다. 사이코패스가 눈 하나 까딱 않고 연쇄살인을 하는 것은 정신질환을 갖고 있기 때문이라고 볼 수 없다.

셋째, 사이코패스는 치료 불가능하다는 오해. 사이코패스가 자신의 반사회성 인격장애를 치료하려고 노력할 것으로 기대하기는 어렵다. 그러나 사이코패스가 여느 사람들 못지않게 심리요법의 혜택을 받을 가능성이 높다는 연구 결과가 보고되었다. 비록 사이코패스의 핵심적인 인격장애는 쉽게 치료될 리 만무하지만, 냉혹한 범죄 성향은 어느 정도 치유 가능한 것으로 입증되었다.

사이코패스는 전체 인구의 1퍼센트 정도로 추정된다. 물론 그들은 대부분 교도소에 갇혀 있다. 죄수의 25퍼센트가량이 사이코패스처럼 반사회적 성격장애자인 것으로 분석되었다. 하지만 상당수의 사이코패스가 날마다 우리 주변에서 활동하고 있는 것도 엄연한 사실이다. 정계, 기업, 법조계, 언론, 연예계 등에서 성공한 사람 중에 사이코패스가 적지 않을 것이라는 뜻이다. (2008년 4월 12일)

영어도 라틴어처럼 분화될까

영어는 사용자 수에서 중국 만다린에 이어 두 번째이지만 영향력에서는 단연 세계 최고의 언어이다. 영어가 지구촌의 언어로 자리 잡게 된 결정적인 이유는 영어 사용자들이 과학기술 분야를 주도하면서 세계경제의 판도를 좌우하게 되었기 때문이다. 영어를 모르면 인터넷의 정보는 그림의 떡이며 국제 상거래에도 끼어들 수 없다. 영어 역시 다른 언어들처럼 끊임없이 변화를 거듭한다. 새로운 어휘가 추가되고 발음이 바뀌며 문법이 달라진다. 1,000년 전 영어는 오늘날 영어와 너무 달라 생소하게 느껴지고, 겨우 400년 전 셰익스피어가 사용한 문장조차 이해하기 쉽지 않은 실정이다. 이처럼 언어는 변화하게 마련이므로.

　영국 주간지 『뉴 사이언티스트』 3월 29일 자는 커버스토리로 영어의 미래를 다루었다. 가까운 장래에 영어에 가장 극적인 변화를 초래할 요인으로는 영어 사용자의 구성 비율이 꼽힌다. 영어를 모국어로 하는 사람들보다 제2언어로 쓰는 사람들의 수가 더 많아지는 추세이기 때문이다.

　영어를 능숙하게 구사하는 사람은 8억 2300만 명이며 그중 제2언어로 영어를 사용하는 사람은 4억 9500만 명으로 60퍼센트에 달한다. 영어를 중국어와 결합해 사용하는 싱가포르의 경우 단어, 문법, 발음 등이 스탠더드 영어와는 큰 차이를 보인다. 제2언어로 활용하는 유럽 대륙에서도 비슷한 현상이 나타나고 있다. 이런 상태가 지속되면 영어가 라틴어의 운명을 따르게 될 것이라고 예측하는 언어학자들이 적지 않다.

　로마 제국의 위력으로 세계 언어가 되었던 라틴어는 서기 300년쯤부터 500년 동안 여러 지역의 사투리로 갈라진 뒤 800년쯤에는 서로 소통할 수 없는 언어로 바뀌었다. 오늘날 이탈리아, 스페인, 프랑스 등의 언어가 그런 과정을 거쳐 태어난 것이다. 영어도 제2언어로 사용하는 사람들이 갈수록 늘어남에 따라 라틴어처럼 각 지역마다 다른 모습의 언어로 변질될 가능성을 배제할 수 없게 된 것이다.

　한편 영어가 모국어인 사람들은 숙어가 필요 없는 단순하고 정확한 문장으로 대화하려는 움직임을 보이고 있다. 대표적인 예는 장-폴 네리에르가 창안한 글로비시(Globish)이다. 글로비시는 글로벌(Global)과 영어(English)의 합성어이다. 프랑스 사람인 네리에르는 컴퓨터회사의 임원으로 일본에 상주하면서 서울을 들락거렸다. 그는 일본인 또는 한국인과 상담을 하면서 고도로 단순화된 영어로 의사소통이 가능하다는 결론을 얻었다.

　네리에르는 2004년 프랑스어로 펴낸 책에서 글로비시를 제안했다. 글로비시는 단지 1,500개의 단어만을 사용한다.『옥스퍼드 영어사전』에는 61만 5,000개의 어휘가 수록되어 있지만 대화할 때 7,500개 이상의 단어를 구사하는 사람들은 거의 없는 것으로 알려졌다. 2006년 12월 3일 자에서 영국 일요 신문인「옵서버The Observer」는 글로비시가 기업체 등에서 보편적인 언어가 되어 가고 있다고 대서특필했다.

　글로비시의 경우처럼 영어를 모국어로 사용하는 사람들이 노력한다면 영어가 라틴어보다는 아라비아어의 길을 따를 것이라는 전망도 나온다. 아라비아어는 500년 이상 이슬람교와 함께 전파되어 여러 지역의 방언으로 변화했으나 사용자들은 모두 회교 성전인 코란의 아라비아어에 의해 하나로 맺어졌다는 느낌을 공유한다. 영어는 과학기술이나 미디어 분야의 전문용어 덕분에 서로 이해하기 어려운 언어로 분해되지 않을 것이라는 낙관적 견해도 만만치 않다.

영어가 라틴어처럼 전혀 다른 여러 개의 언어로 분화될지 아니면 아라비아어처럼 방언은 있지만 단일 언어로 존속하게 될지 예측하기는 어렵다. 하지만 영어가 어떤 형태로든 변화될 것이라는 사실은 분명하다. 2008년 『사이언스』 2월 1일 자에 발표한 논문에서 영국 레딩대의 마크 페이겔은 새로운 언어가 형성되는 과정을 분석했다. 그의 이론을 빌리면 앞으로 100년 이내에 영어의 새로운 모습이 드러나게 될 것 같다. (2008년 4월 19일)

행복은 어떻게 오는가

　우리는 날마다 행복을 추구하며 살아간다. 더 큰 감투, 더 넓은 집, 더 멋진 연인을 손에 넣으면 행복해질 수 있다고 여긴다. 하지만 심리학자들은 그 어느 것도 행복을 확실하게 보장해 주지 않는다는 연구 결과를 내놓고 있다. 다시 말해 행복은 개인이 노력만 한다고 해서 쉽게 얻을 수 있는 것은 아니라는 뜻이다.

　1996년 미국 미네소타대의 데이비드 라이켄은 『심리과학』 5월호에 행복과 유전의 관계를 밝힌 논문을 발표했다. 라이켄은 4,000쌍의 어른 쌍둥이를 연구하여 사람마다 행복을 누리는 데 차이가 나는 까닭은 80퍼센트가 유전적 차이에서 비롯된다는 결론을 얻었다. 말하자면 사람마다 행복을 누리는 능력을 다르게 갖고 태어나며, 이러한 선천적 요인이 행복을 좌우하므로 개인적인 노력으로 행복을 성취하는 데는 한계가 있을 수밖에 없다는 것이다.

2008년 영국 에든버러대의 티머시 베이츠는 『심리과학』 3월호에 라이켄처럼 유전자가 개인이 행복을 느끼는 성향에 결정적인 영향을 미친다는 연구 논문을 발표했다. 베이츠는 973쌍의 어른 쌍둥이를 연구하여 유전자가 사람이 행복을 누릴 때 50퍼센트의 영향력을 행사한다는 결론을 내렸다. 베이츠는 한 걸음 더 나아가서 행복과 개인의 성격이 깊은 관계가 있음을 밝혀냈다. 행복을 비슷하게 느끼는 쌍둥이들은 성격의 여러 특성, 예컨대 외향성이나 성실성에서 비슷한 것으로 나타났기 때문이다.

미국 호프 칼리지의 행복 전문가인 데이비드 마이어스에 따르면 행복한 사람들은 몇 가지 공통된 성격을 갖고 있다. 첫째, 행복한 사람들은 자존심이 강하고 자신이 남들보다 윤리적이며, 지적이고 편견이 적으며, 남과 잘 어울리고 건강하다고 스스로 믿는 경향이 있다. 이를테면 행복한 사람들은 자신을 매우 사랑하는 사람들이다. 둘째, 행복한 사람들은 낙천적이다. 삶을 적극적으로 영위하고 가까운 친구나 가족에게 항상 따뜻하며 자주 미소 짓고, 남을 헐뜯거나 적대적인 행동을 취하지 않는다. 셋째, 행복한 사람들은 대부분 외향적이다. 내성적인 사람이 삶을 관조하고 스트레스를 적게 받아 마음의 평정을 유지하기 쉽기 때문에 외향성이 강한 사람보다 행복하게 살 것 같지만 도리어 사교적이고 개방적인 사람들이 짝을 빨리 찾고 좋은 친구가 많으며 직장에서 인기가 높아 행복감을 훨씬 더 많이 느

낀다.

베이츠의 연구 결과에 따르면 행복의 50퍼센트는 성격에 의해 미리 결정된다고 볼 수 있다. 그렇다고 해서 행복을 추구하는 노력을 포기할 필요는 없다. 행복의 나머지 50퍼센트는 개인이 각자 하기 나름이기 때문이다. 이런 맥락에서 긍정심리학(positive psychology)에 주목할 필요가 있다. 미국 심리학자인 마틴 셀리그먼은 행복의 실체를 찾는 새로운 심리학을 긍정심리학이라고 명명했다. 이름 그대로 마음의 밝은 면을 규명하여 행복은 어디에서 오는지, 행복은 어떻게 만드는 것인지를 연구한다.

2002년 9월 셀리그먼이 『진정한 행복Authentic Happiness』을 펴낸 이후 2005년 12월 사회심리학자인 조너선 하이트는 『행복 가설The Happiness

Hypothesis』을, 2006년 5월 하버드대의 심리학자인 대니얼 길버트는『행복에 걸려 비틀거리다*Stumbling on Happiness*』를 출간했다. 이들은 행복해지는 방법에 대해 다양한 아이디어를 제시하고 있는데, 공통적으로 사람이 가장 행복할 때는 미래의 목표보다는 현재의 상황에 완전히 빠져 있는 순간이라고 말한다. 미국 심리학자인 미하이 칙센트미하이는 이런 상태를 '몰입(flow)'이라고 불렀다. 1997년 펴낸『몰입의 발견*Finding Flow*』에서 칙센트미하이는 "명확한 목표가 주어져 있고, 활동의 효과를 곧바로 확인할 수 있으며, 과제의 난이도와 실력이 알맞게 균형을 이루고 있다면 누구나 어떤 활동에서도 몰입을 맛보면서 삶의 질을 끌어올릴 수 있다."고 적었다. (2008년 4월 26일)

이인식의 멋진과학 055

10대 범죄자들

    범법 행위를 하는 사람들을 연령별로 분석하면 10대가 가장 많은 것으로 나타난다. 미국과 영국 정부의 공식 통계에 따르면 남자는 17~18세에, 여자는 14~15세에 가장 많이 범죄를 저지른다.
    영국의 정신의학자인 테리 모핏은 10대 범죄자를 두 유형으로 구분하고 있다. 하나는 우발적으로 법을 어긴 부류이다. 사춘기에 나쁜 친구들의 꾐에 넘어가 대단찮은 죄를 지은 10대들이다. 이들은 대개 20대 초반에 범죄의 구렁텅이에서 벗어난다. 다른 하나는 반사회적이고 폭력적인 범죄를 저지르는 문제아들이다. 이들은 유치원 시절부터 사고뭉치로 자라나서 평생 폭력을 휘둘러 교도소를 제집 드나들듯 할 소지가 크다.

　문제아들이 반사회적 범죄를 저지르는 이유는, 폭력적인 행동을 하기 쉬운 성향을 타고난 데다, 자라나는 과정에서 가난에 쪼들리거나 학대를 받기 때문인 것으로 분석된다. 말하자면 유전과 환경이 상호 작용해서 어린이들이 훗날 전과자가 되도록 한 셈이다. 특정 유전자와 성장 환경이 상호 작용해 어린이의 뇌 안에서 폭력성에 영향을 미치는 메커니즘도 밝혀지고 있다. 가장 대표적인 연구 성과는 2002년 모핏이 『사이언스』 8월 2일 자에 발표한 논문이다.

　모핏은 1972~1973년 뉴질랜드에서 태어난 백인 남자 아기 442명을 골라서 성년이 될 때까지 모노아민산화효소(MAOA)의 유전자와 성장 환경의 상호작용을 연구했다. 모노아민산화효소는 사람이나 동물의 공격성과 관련되는 단백질이다. MAOA 유전자의 활성도에 따라 아이들을 고활성 유전자 집단과 저활성 유전자 집단으로 나누었다. 이어서 어린 시절 학대를 받은 아이들과 그렇지 않은 쪽으로 구분했다. 8퍼센트는 심한 학대를 받았고 28퍼센트는 가벼운 학대를 당한 아이들이었다. 먼저 고활성 유전자 집단에서는 어린 시절 학대를 받은 소년들도 반사회적 성향을 나타내지 않았다. 그러나 저활성 유전자 집단의 경우, 학대를 받은 소년들은 그렇지 않은 소년들보다 반사회적으로 되고 범죄자로 성장할 가능성이 훨씬 컸다. 요컨대 MAOA 유전자와 학대 둘 중 하나만으로는 반사회성이 형성되는 것은 아님이 밝혀진 셈이다.

어린 시절의 나쁜 환경이 타고난 성향과 상호 작용해 평생을 범죄자로 살아가게 한다는 연구 결과가 잇따라 발표됨에 따라 양육의 중요성이 더욱 부각되고 있다. 2008년 미국의 하워드 듀보위츠는 『소아과 Pediatrics』 4월호에 실린 논문에서 어린이를 제대로 돌보지 못하면 신체적으로나 성적으로 학대하는 것 못지않게 훗날 공격성을 유발하는 데 영향을 미칠 것이라고 주장했다. 듀보위츠는 1,318명의 어린이를 태어날 때부터 8살까지 연구했다. 생후 2년 동안의 양육 기록을 살펴보고, 아기를 돌본 사람들을 만나서 4살, 6살, 8살 때의 공격성에 관해 조사했다. 아이들은 음식, 보금자리, 정서적 안정 등 기본적인 조건이 충족되지 않으면 고통을 느끼는 것으로 밝혀졌다. 이런 환경은 결국 훗날 아이들을 공격적인 성향이 되도록 하는 요인인 것으로 밝혀졌다.

만일 어떤 어린이가 평생 범죄자로 살아갈 성향으로 태어났다면 어떻게 해야 할 것인가. 전문가들은 모두 한목소리로 "빠를수록 좋다."고 말한다. 8살이 되기 전에 문제아의 행동을 잘 보살펴 주는 것이 효과적이라는 의견이 많다.

일각에서는 아이가 태어나기 전부터 관심을 갖는 것이 가장 현명한 해법이라는 주장도 내놓았다. 1998년 콜로라도대의 데이비드 올즈는 임신 중에 매달 보모의 보살핌을 받은 어머니가 낳은 어린이 315명을 15년간 연구한 결과를 보고했다. 산모에 대한 지원 효과는 가난한 어머니들에게서 극적으로 나타났다. 그들의 자식들은 비교적 범법 행위를 적게 했으며 보살핌을 받지 못한 산모의 아이들보다 술과 담배를 적게 하는 것으로 밝혀졌다. (2008년 5월 3일)

이인식의 멋진과학 056

아들 낳는 비결?

　남아를 선호하는 성차별 의식은 동서고금을 막론하고 인류 사회에 재앙을 몰고 왔다. 1986년 『네이처』에는 인도 뭄바이의 병원에서 저질러진 8,000건의 낙태 수술 가운데 7,997건이 여아였다는 기사가 실렸다. 1991년 11월 영국의 한 일간지는 중국공산당의 1가구 1자녀 정책으로 중국인들이 1979년부터 1984년까지 25만 명 이상의 여아를 태어난 즉시 살해했다고 보도했다.

　남아 선호는 딸을 낳는 산모뿐만 아니라 아들을 낳은 어머니에게도 불이익을 주는 측면이 있다는 연구 결과가 나왔다. 2002년 핀란드 투르쿠대의 새뮤리 헬레는 『사이언스』 5월 10일 자에 실린 논문에서 산업화 이전 시대의 어머니들이 아들을 가졌을 경우 수명이 줄어들었다고 주장했다. 헬레는 스칸디나비아의 유목민 여성 375명의 수명에 영향을 미친 요인을 분석하고, 아들을 낳은 어머니들이 딸을 가진 여성보다 수명이 평균 34주 단축된 것을 밝혀냈다. 바꾸어 말하면 딸을 기르는 어머니들이 더 오래 사는 것으로 나타났다.

어쨌거나 아들을 간절히 원하는 부모들을 위해 갖가지 비술이 제안되었다. 가령 고대 그리스의 철학자인 아낙사고라스는 섹스 할 때 남자가 오른쪽에 누우면 아들을 낳는다고 믿었는데, 그 영향력은 대단해서 수 세기 뒤에 프랑스 귀족들이 왼쪽 고환을 잘라 낼 정도였다. 그는 까마귀가 떨어뜨린 돌에 맞아 죽었다. 혹시 그 까마귀는 비방을 따르고도 아들을 얻지 못한 어느 사내가 앙갚음을 하기 위해 변신한 것은 아니었을까.

부부가 매달 홀수 날에만 잠자리를 같이하거나, 남자가 고환 온도가 올라가지 않게끔 헐렁한 속옷을 입어야만 아들을 낳을 수 있다는 속설도 전해 내려오고 있다. 앞의 비방은 허무맹랑한 미신이며 뒤의 것도 과학적 근거가 희박하다.

아들을 낳는 비결을 과학적으로 입증할 수 있다면 그 파급 효과는 엄청날 것이다. 당장은 아들을 원하는 부모들의 소원을 풀어 주게 될 테지만, 남아의 과잉 출산으로 성비 불균형을 초래하여 사회가 불안정해질 것이기 때문이다.

2008년 영국 엑시터대의 생물학자인 피오나 매튜스가 『영국학술원 회보 Proceedings of Royal Society B』 4월 22일 자에 발표한 논문이 화제가 된 것도 그 때문이다. 매튜스는 아기를 처음 낳는 산모 740명에

대해 임신 전의 식사 습관을 조사했다. 열량이 높은 음식물을 먹은 산모는 56퍼센트가 아들을 낳은 반면에 낮은 열량의 음식물을 섭취한 산모는 45퍼센트가 아들을 본 것으로 나타났다. 특히 임신할 당시 아침마다 콘플레이크 같은 곡물식(cereal)을 즐겨 먹은 어머니들이 아들을 더 많이 낳았다.

  그 이유는 밝혀내지 못했지만 곡물식의 주요 영양소인 포도당의 영향일 것으로 짐작된다. 탄수화물인 포도당은 인체에서 분해되면 에너지로 변환된다. 포도당은 가장 중요한 세포 연료이다. 체외수정 시술, 곧 시험관 아기 시술에서 포도당의 농도가 짙으면 사내아이 배아의 성장을 촉진시키지만 여자아이 배아의 발육은 억제된다는 사실이 밝혀졌다. 만일 아침 식사를 걸러 곡물식을 먹지 않으면 포도당의 혈중농도가 옅어지기 때문에 인체는 식량이 부족한 환경이 조성되었다고 지레짐작할 가능성이 크다. 이런 상황에서는 사내아이보다 에너지가 적게 소모되는 여자아이를 갖는 것이 타당한 대응이라고 할 수 있다.

요컨대 환경이 좋은 조건일 때는 아들을 많이 낳지만 나쁜 조건일 때는 딸을 선호할 수밖에 없다는 뜻이다. 소, 말, 사슴 따위의 동물들도 먹이가 많을 때 수컷을 더 많이 생산하는 것으로 확인되었다.

아침에 곡물식을 먹으면 아들을 낳고 아침을 거르면 딸을 낳는다는 연구 결과는 영국보다 못사는 나라에서도 검증되어야 할 테지만, 선진국에서 남아가 여아보다 적게 태어나는 추세를 분석하는 데 도움이 된다. 미국에서 1965~1991년에 미혼 여성들이 아침을 먹은 비율은 85퍼센트에서 65퍼센트로 급격히 감소했다. (2008년 5월 10일)

이인식의 멋진과학 057
복제동물 식품은 안전한가

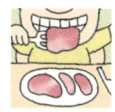

　유전자변형 농산물의 안전성 문제가 확실히 매듭지어지지 않은 가운데, 복제동물의 살코기와 젖을 놓고 논란이 불붙기 시작했다. 지난 1월 미국 식품의약품국(FDA)이 6년간 복제동물 식품의 안전성에 대해 연구한 결과를 발표했기 때문이다. FDA 홈페이지(www.fda.gov/cvm/CloneRiskAssessment)에서 내려 받을 수 있는 이 보고서에는 복제된 소, 돼지, 염소의 젖과 살코기가 보통 가축의 식품과 똑같이 안전하다는 결론이 명시되어 있다. 이러한 연구 결과는 2007년 미국 코네티컷대의 지앙종 양 교수가 『네이처 바이오테크놀로지Nature Biotechnology』 1월호에 발표한 논문 내용과 비슷하다. 그는 복제된 동물과 보통 동물의 살코기와 젖의 화학적 특성을 비교한 결과 어떠한 차이도 찾아내지 못했다고 보고했다.

　복제동물의 식품은 1997년 『네이처』 2월 23일 자 표지에 복제 양 돌리의 모습이 소개된 것이 계기가 되어 쟁점으로 떠올랐다. 돌리는 수정란이 아닌 체세포를 이용하여 처음으로 복제에 성공한 동물이다. 복제 양 돌리의 출현으로 특정 동물을 무제한으로 복제하는 기술이 개발됨에 따라 최상 품질의 살코기와 젖을 갖춘 가축을 대량으로 생산할 수 있는 길이 열리게 된 셈이다.

　복제동물 식품을 옹호하는 쪽에서는 소비자에게 돌아가는 이득이 적지 않다고 주장한다. 이를테면 복제동물의 살코기와 젖에는 콜레스테롤이 비교적 적게 함유되어 있어 가장 흔한 사망 원인인 심장병과 동맥경화증을 유발할 확률이 낮아진다. 또한 인체에 좋은 지방산이 많이 포함되어 있는 것으로 알려졌다. 동물 복제는 다른 이점도 있다. 가령 광우병을 일으키는 단백질인 프리온(prion)이 제거되도록 유전자를 변형한 소를 복제한다면 쇠고기를 마음 놓고 먹을 수 있다는 것이다.

　복제동물 식품의 안전성을 강조하는 사람들이 가장 설득력 있게 내놓는 증거는 실제 소비 사례이다. 1980년대와 1990년대에 미국과 캐나다에서 1,500마리의 소가 수정란 핵이식 기술로 복제되었는데, 대부분 도살되어 식용으로 팔렸다. 30만 킬로그램 살코기와 200만 리터의 우유가 판매되었지만 소비자로부터 어떠한 문제 제기도 없었다.

　이처럼 복제동물 식품이 인체에 해롭지 않다는 자료가 제시되었음에도 불구하고, 미국의 소비자들은 안심할 수 없다는 생각을 하고 있는 것으로 밝혀졌다. 2007년 '국제식품정보회의(IFIC)'의 여론조사에 따르면, 미국 소비자 대부분이 복제동물로부터 나온 식품은 구매하지 않을 것이라고 응답했다. 비슷한 시기에 미국의 '소비자조합(Consumers Union)'이 실시한 여론조사 결과, 미국인의 89퍼센트가 복제동물 식품에 표시를 해 줄 것을 희망했다. 그러나 복제동물의 식품을 가려내는 방법이 마땅찮기 때문에 표시 제도의 실효성에 의문이 제기되고 있는 실정이다.

 소비자 모임 못지않게 복제동물 식품에 비판적인 집단은 동물 복지 운동가들이다. 지난 1월 '과학과신기술의윤리에대한유럽그룹(EGE)'은 식품 공급을 위해 동물을 복제하는 처사는 윤리적으로 정

당화되기 어렵다는 취지의 보고서를 내놓았다. 복제 과정에서 복제되는 동물과 그 대리모에게 고통을 안겨 주는 등 건강 문제를 초래하는 것은 문제가 많다는 지적이었다. 이 보고서에 따르면 복제된 동물 태아의 5퍼센트 미만이 살아서 태어나고, 이 중에서 20퍼센트 정도는 생후 24시간을 견뎌 내지 못하며, 젖을 떼기 전에 추가로 15퍼센트가 죽는다. 게다가 복제동물 중에는 뇌와 다리는 물론 간장과 생식기관이 기형인 경우가 적지 않다.

영국 주간지 『뉴 사이언티스트』 4월 26일 자는 2007년 세계 전체 복제동물의 수는 소 4,000마리와 돼지 1,500마리 등 5,500마리라고 보도했다. 미국에는 소 570마리, 염소 20마리, 돼지 8마리를 합쳐 600마리가 있고 나머지는 유럽, 일본, 중국에 퍼져 있다. 복제동물 식품이 안전성 문제를 뛰어넘고 소비자의 선택을 받게 될지 지켜볼 일이다. (2008년 5월 17일)

이인식의 멋진과학 058

특별한 기억력 보유자

지난 6일 출간된 『망각할 수 없는 여인 The Woman who can't forget』이 미국 언론의 주목을 받고 있다. 「USA 투데이」는 7일 자에 저자인 질 프라이스(43)를 대서특필했다. 종교 계통 학교에서 행정직으로 근무 중인 프라이스는 과학자들로부터 자신의 과거를 가장 잘 기억하고 있는 사람으로 인정받았다.

프라이스는 비상한 기억력 때문에 고민을 거듭한 끝에 캘리포니아대의 신경과학자인 제임스 맥고를 찾아갔다. 맥고는 6년간 프라이스의 기억 능력을 연구하고 2006년 격월간 『뉴로케이스 Neurocase』 2월호에 논문을 발표했다. 그 당시 프라이스의 신원은 비밀에 부쳐졌으나 저서가 출간되면서 비로소 이름이 알려졌다. 프라이스는 10살부터

34살까지 기록한 일기장을 보관하고 있었으므로 연구진들은 그녀의 기억력을 검증할 수 있었다. 프라이스는 14살 이후 매일 겪은 일을 생생하게 상기해 내는 초기억(super-memory) 능력의 보유자로 밝혀졌다. 그녀에게 날짜를 말하면 몇 초 만에 그날이 무슨 요일이었는지, 그날 무슨 일을 했으며 어떤 사건이 일어났는지 낱낱이 생각해 냈다. 예컨대 1977년 8월 16일에 대해 질문하면 화요일이었으며 엘비스 프레슬리가 죽은 날이라고 답변했다. 심지어는 특정한 날에 그가 놀러 갔던 곳, 그의 어머니가 식당에서 주문한 음식 이름까지 상기해 냈다. 프라이스는 기억력 덕분에 하루에도 수십 차례 과거의 삶 속으로 되돌아간다고 푸념했다.

　신경과학자들은 프라이스의 초기억 능력이 어린 시절 뇌가 발육할 때 형성된 것으로 보고 있다. 하버드 의대의 질 골드슈타인은 맥고의 요청으로 프라이스의 뇌를 자기공명영상 장치로 들여다보고 구조가 특이한 것을 알아냈다.

　프라이스처럼 뛰어난 기억 능력을 발휘한 인물은 한둘이 아니다. 가장 유명한 사람은 이탈리아의 자크 앵오디(1867~1950)이다. 가난한 집안에서 태어난 그는 어렸을 적에 교육을 받지 못하고 양치기로 지냈으며 스무 살에 겨우 글자를 배웠다. 하지만 숫자에 대한 기억력이 남달라서 계산기와 대결을 벌여 승리할 정도였다. 또한 모월 모일이 무슨 요일인지 금방 맞혔다. 뉴질랜드 태생으로 영국 에든버러대 수학 교수를 지낸 알렉산더 에이트컨(1895~1967)도 기억력이 비상했다. 어린 나이에 원주율 값을 1,000자리까지 기억하고 3 나누기 408 같

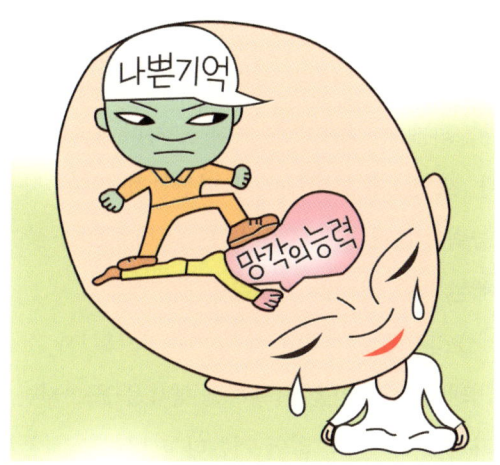

은 계산을 단 6초 만에 소수점 16자리까지 풀 수 있었다.

이디오 사방(idiot savant)이라 불리는 사람들, 즉 어떤 한 분야에서는 아주 뛰어나지만 다른 분야에서는 두드러지게 능력이 부족한 정신 발육 지체자들도 영화 「레인 맨Rain man」의 주인공처럼 천재와 맞먹는 기억력을 갖고 있다. 이디오 사방의 상징인 미국의 킴 피크(57)는 지능지수가 87에 불과하고 셔츠의 단추조차 잠글지 몰랐지만 미국 전체의 우편번호를 암기할뿐더러 40년 전에 딱 한 번 들어본 음악을 정확히 읊조렸다. 그의 뇌에는 뇌량이 없는 것으로 밝혀졌다. 뇌량은 대뇌의 두 반구를 잇는 신경섬유의 띠이다.

「USA 투데이」는 13일 자에서 프라이스처럼 초기억 능력을 가진 두 사람을 소개했다. 이들 역시 맥고에 의해 연구되어 그 결과가 『뉴로케이스』에 발표된 바 있다. 50대 초반 남성인 두 사람은 프라이스에 버금가게 기억력이 비상한 것으로 알려졌다. 세 사람 모두 한 가지 공통점이 확인되었는데, 모자나 인형을 광적으로 수집했다. 맥고는 세 명 모두 뇌 구조가 비정상적이라는 사실을 알아냈지만, 초기억 능력이 비롯되는 메커니즘을 과학적으로 설명할 단계까지 연구가 진행된 것은 아니라고 덧붙였다.

프라이스에게 초기억 능력은 축복이자 저주인 것 같다. 그녀는 과거의 좋은 추억을 되살리면 행복을 느끼지만, 나쁜 일들이 자꾸 떠올라 편히 잠들 수 없어 괴롭다고 털어놓았다. 인간에게 적당히 망각하는 능력이 주어진 것은 행운이 아닌가 싶다. (2008년 5월 24일)

이인식의 멋진과학 059
새들은 소음과 생존 전쟁 중이다

세계 주요 도시에서 동틀 녘이면 하루의 시작을 알리던 새들의 노랫소리가 사라지고 있다. 새벽부터 거리를 내달리는 각종 차량의 굉음으로 말미암아 새들이 지저귀는 소리를 들을 수 없게 된 지 오래이다. 대도시의 소음공해는 새들의 생존을 위협하고 있다. 무엇보다 생명을 노리는 동물이 접근하는 소리를 감지하기 어려워 곧잘 잡아먹히곤 한다. 새들은 이러한 난관을 극복하려고 다양한 전략을 구사한다.

많은 새가 도시 밖으로 둥지를 옮기고 있지만 노래 부르는 시간을 바꾸면서 버텨 내는 것도 있다. 2007년 8월 영국 셰필드대의 리처드 풀러는 격월간 『생물학 통신Biology Letters』 제4호에 발표한 논문에서

개똥지빠귀의 일종인 울새가 지저귀는 시간을 새벽에서 밤으로 바꾼 것이 확인되었다고 보고했다. 박새, 찌르레기, 멧종다리 등은 더 교묘한 방법을 찾아냈다. 도시 소음은 낮은 주파수, 곧 1~3킬로헤르츠에서 특히 시끄럽다. 따라서 이 주파수를 피해서 노래하는 새들의 소리는 잘 들리게 된다. 2006년 네덜란드 레이덴대의 한스 슬라베쿠른는 격주간 『시사 생물학Current Biology』 12월 5일 자에 기고한 논문에서 5년간 유럽 10대 도시의 박새가 소음에 대처하는 방식을 분석한 결과 수풀에 사는 박새보다 훨씬 높은 주파수로 노래하는 것을 밝혀냈다고 보고했다.

유럽 박새의 경우처럼, 도시에 사는 것과 시골에 사는 것 사이에 노래를 부르고 듣는 능력에 차이가 나타나게 되면 결국 유전적으로 서로 다른 종으로 분화될 수밖에 없다. 도시 소음이 새로운 종을 출현시키게 된 셈이다. 유럽 찌르레기는 이미 몸의 모양이 서로 다른 도시 새와 시골 새로 분화된 것으로 알려졌다.

박새나 찌르레기처럼 모든 새가 도시 소음에 효과적으로 적응하고 있는 것은 아니다. 최대의 피해를 보는 새들은 낮은 주파수로 지저귀면서 몸의 구조상 높은 주파수의 소리를 낼 수 없는 것들이다. 참새, 개개비, 뻐꾸기 등이 이 범주에 속한다. 유럽에서 참새의 수가 줄어들고 있는데, 그 이유는 분명하지 않지만 도시 소음이 영향을 미치는 것으로 추측된다. 네덜란드에서 개개비 역시 수가 감소하는 추세이다. 도로의 소음이 원인일지 모른다는 주장이 제기되었다. 갈대밭 근처 도로를 공사하는 동안 새끼를 낳는 개개비가 10쌍에서 2쌍으로 줄어들었기 때문이다. 보수를 위해 그 도로를 2년간 폐쇄했는데, 5쌍이 더 갈대밭에 나타났다. 하지만 도로 위로 차량이 다니면서부터 개개비는 모두 자취를 감추어 버렸다.

도시 소음은 새들의 짝짓기에도 영향을 미친 사례가 확인되었다. 2007년 미국의 존 스웨들은 『동물 행동Animal Behaviour』 9월호에 발표한 논문에서 소리로 짝을 확인하여 일부일처제를 유지하는 얼룩무늬 피리새가 소음 때문에 간통을 일삼게 되었다고 보고했다. 암컷이 주변 환경의 소음으로 자신이 선택한 수컷의 소리를 제대로 들을 수 없게 됨에 따라 엉뚱한 수컷과 교미할 수밖에 없게 되었다는 뜻이다.

도시 소음에 성공적으로 적응한 새들조차 고통을 받기는 마찬가지이다. 시끄러운 도시에서 살아남으려면, 더 큰 소리로 지저귀어야 하고 더 많은 에너지를 소모해야 하기 때문이다. 물론 소음만이 도시의 새들을 괴롭히는 요인이라고 할 수 없다. 각종 화학물질이나 밤낮을 헷갈리게 하는 조명도 새들의 생존을 위협하고 있다.

더욱이 대도시의 소음은 갈수록 증대할 것이기 때문에 모든 새들의 생존 방식이 극적으로 변화될 것임에 틀림없다. 도시 소음이 새의 다양성을 파괴하고 있는 것으로 밝혀짐에 따라 머지않아 대도시에서 새들이 완전히 사라질 것을 걱정하는 목소리가 높다.

레이첼 카슨은 『침묵의 봄』(1962)에서 살충제 남용으로 봄이 와도 종달새의 노랫소리를 들을 수 없다고 개탄했다. 이제는 새들이 떠나가는 도시에 '침묵의 새벽'이 찾아오고 있다. (2008년 5월 31일)

이인식의 멋진과학 060
옥시토신의 쓰임새

사랑의 호르몬이라 불리는 옥시토신을 정신질환 치료에 활용하는 연구가 활발하게 진행되고 있다.

1909년 발견된 옥시토신은 뇌의 시상하부에서 합성되어 뇌하수체를 통해 혈류로 방출된다. 아기를 낳을 때 산모의 몸속에서 그 농도가 급속도로 올라가면서 진통을 자극하고 자궁을 수축시켜 분만이 용이하도록 하기 때문에 '빠른 출산'을 뜻하는 그리스어를 사용하여 옥시토신이라 명명되었다. 또한 아기의 울음소리가 들리면 어머니의 몸에서 옥시토신이 분비되기 시작하여 그 결과 젖꼭지가 꼿꼿이 서게 되므로 당장 젖을 먹일 채비를 하게 된다. 이를테면 옥시토신은 출산과 수유 등 여자가 어머니다운 행동을 보여 줄 때 분비되는 대표적인 화학물질이다.

  옥시토신은 수십 년 동안 오로지 모성애와 직결된 호르몬으로 여겨졌으나 1970년대에 새로운 기능이 발견되면서 오늘날 신경과학의 가장 흥미로운 연구 주제의 하나로 부상했다. 옥시토신이 성생활이나 대인 관계에서 중요한 역할을 하는 것으로 밝혀졌기 때문이다. 옥시토신은 부드러운 근육을 자극하고 신경을 예민하게 하므로 남녀가 상대방을 꼭 껴안고 싶은 충동에 사로잡히게 된다. 성적 충동이 강렬할수록 옥시토신이 더 많이 분비되기 때문에 섹스 도중에 쾌감은 더욱 증대된다. 오르가슴 동안 옥시토신의 혈중농도는 5배까지 급상승한다. 여자들이 남자들과 달리 국부보다는 전신으로 오르가슴을 즐기는 까닭은 옥시토신의 혈중농도가 남자보다 훨씬 높기 때

문이다.

　이와 같이 옥시토신은 여자가 아이를 낳고, 갓난아기를 포옹하고, 젖을 먹이고, 연인과 섹스 할 때 분비되어 쾌감을 높여 주고 있다. 따라서 옥시토신은 인류가 일부일처제를 정착시킨 뒤 부부의 성적 결속을 공고히 하는 과정에서 진화된 호르몬으로 여겨진다. 옥시토신은 남녀는 물론이고 부모와 자식 사이에 안지 않고는 못 배길 것 같은 기분이 들게 만들기 때문에 '포옹의 화학물질'이라 불린다.

　2005년 미국의 신경경제학자인 폴 자크는 『네이처』 6월 2일 자에 발표한 논문에서 사랑과 유대감을 촉진하는 옥시토신이 신뢰감을 증대시키는 기능을 갖고 있다고 주장했다. 그의 주장처럼 시상하부, 곧 원시적인 뇌에서 합성되는 옥시토신이 신뢰 행동에 관련된 유일한 화학물질이라면 경제주체가 완전한 합리성을 갖고 있다고 전제하는 신고전파 경제학은 도전을 받게 된다. 다시 말해 자크는 인간의 신뢰 행동이 이성에 의해 의식적으로 결정되는 것이 아니라 정서에 의해 무의식적으로 유발된다고 주장한 셈이다.

　옥시토신이 사람 사이를 이어 주는 접착제임이 분명해짐에 따라 사회적 상호작용의 부조화에서 비롯된 정신질환 치료에 활용될 것으로 기대된다. 가령 자폐증, 경계성 성격장애, 사회적 공포증, 우울증의 치료에 옥시토신이 효과가 있다는 연구 결과가 『생물정신의학 Biological Psychiatry』에 여러 차례 발표되었다. 남의 마음을 잘 읽지 못하고 자기만의 세계에 틀어박히는 자폐증 환자의 경우, 옥시토신의 혈중농도가 낮은 것으로 밝혀졌다는 논문이 실렸다.

미국의 에릭 홀란더는 자폐증 환자에게 옥시토신을 투여한 결과 타인의 목소리를 듣고 행복이나 분노와 같은 감정을 읽어 내는 능력이 향상되었다는 논문을 게재했다. 한편 발기부전을 사회적 상호작용의 장애로 보는 학자들은 발기부전 치료제인 비아그라와 옥시토신의 관계를 연구한다. 2007년 미국의 메이어 잭슨은 『생리학 저널 Journal of Physiology』 10월 1일 자에 비아그라가 옥시토신의 혈중농도에 영향을 미친다는 연구 결과를 발표했다. 잭슨은 한 걸음 더 나아가 비아그라가 옥시토신의 분비를 촉진시키므로 분만 중일 때 비아그라를 복용할 것을 제안했다.

오늘날 미국에서는 아기를 낳는 여자의 절반가량이 자궁 축소를 유도하기 위해 옥시토신을 합성한 약품을 사용하고 있다. (2008년 6월 7일)

이인식의 멋진과학 061

싼샤 댐, 약인가 독인가

지난 5월 12일 중국을 뒤흔든 쓰촨(四川) 성 대지진이 싼샤(三峽) 댐과 무관하지 않다는 주장이 제기되었으나 근거가 희박한 것으로 밝혀졌다. 싼샤 댐은 양쯔 강 중상류인 후베이(湖北) 성의 세 협곡을 잇는 세계 최대의 댐이다. 1994년 12월 공사를 시작해 2009년 완공될 예정인 이 댐은 높이 185미터, 길이 2.3킬로미터, 너비 135미터이며 최대 저수량은 390억 톤이다.

역사상 최대의 수력발전소로서 1일 전기 생산량은 1800만 킬로와트이다. 이는 미국의 후버 댐이 출력하는 전기량의 8배에 해당된다. 댐이 완공되면 양쯔 강을 따라 길이 660킬로미터의 저수지가 생긴다. 중국 정부가 이 거대한 인공호에 거는 기대는 한두 가지가 아니다. 우선 저수량이 일본 전체의 담수량과 맞먹을 정도로 엄청나기 때문에 10년 주기로 찾아오는 양쯔 강 홍수가 100년 단위로 늦춰질 것으로 전망한다. 또한 바다로 가던 1만 톤급 화물선이 내륙으로 직접 운행할 수 있으므로 고속도로 4~6개에 버금가는 효과가 발생하는 물류 혁명이 예상된다.

싼샤 댐의 수력발전으로 석탄 사용량이 감소해 이산화탄소 등 온실효과 기체의 배출량이 줄어들게 됨에 따라 대기오염과 지구온난화 문제 해소에 기여할 것으로 보인다.

이처럼 싼샤 댐은 에너지 부족, 홍수, 물류 문제, 환경오염 등을 해결해 줄 것으로 기대되었으나, 완공을 얼마 남겨 두지 않고 댐의 효과에 대해 비판적인 목소리가 터져 나오고 있다. 2007년 가을부터 중국의 과학자들은 싼샤 댐이 산사태를 유발하고, 각종 전염병을 창궐시키며, 생물다양성을 파괴하는 환경문제를 일으켜 양쯔 강 주변에 거주하는 수백만 명의 생존을 위협할 가능성이 크다고 경고했다. 9월에는 정부 관리들도 이러한 위험 요인을 시인했다. 11월 21일 자 「뉴욕 타임스」는 후진타오(胡錦濤) 국가주석과 원자바오(溫家寶) 총리 등 중국 지도자들이 싼샤 댐 프로젝트로부터 거리를 두려고 애쓴다는 기사를 게재했다.

2008년 들어 싼샤 댐에 대한 우려를 확인시켜 주는 사례가 잇따라 언론에 보도되었다. 지난 1월 중국 최대의 영자 신문인 「차이나 데일리」는 양쯔 강이 142년 만에 가장 수위가 낮아져서 물이 부족해 중국 최대 도시인 상하이에 식수를 제대로 공급하지 못했다고 보도했다. 싼샤 댐이 엉뚱하게 가뭄을 불러온 꼴이었다. 싼샤 댐으로부터 양쯔 강으로 방출되는 물의 양이 감소하면서 달팽이가 급속도로 번식해 주혈흡충증(schistosomiasis)이 퍼졌다. 달팽이가 사람에게 전파시키는 이 병에 걸리면 발열, 식욕 감퇴, 근육 통증 따위로 시달리게 된다.

지난 3월 25일 『사이언티픽 아메리칸』 온라인판은 싼샤 댐이 지진을 유발할지 모른다고 보도해서 공포를 불러일으키기도 했다. 아울러 생물다양성이 크게 위협받을 가능성을 지적했다. 양쯔 강에 사는 동물 중에서 가장 심각한 멸종 위기에 처했던 종은 '바이지(Baiji)'라고 불리는 양쯔 강 돌고래이다. 2,200년 전의 중국 문헌에 언급된 바이지는 긴 부리와 작은 눈을 가진 회색 돌고래이다. 1950년대에 5,000여 마리가 양쯔 강에 살았으나 어부들의 남획으로 급격히 줄어들어

1990년에는 100마리도 되지 않았다. 게다가 싼샤 댐 공사가 시작되면서 환경이 바뀜에 따라 1998년에는 겨우 13마리가 살아남은 것으로 집계되었다. 2006년 11~12월 중국, 일본, 미국, 스위스 등의 전문가들이 6주간 배를 타고 양쯔 강의 1,669킬로미터를 샅샅이 뒤졌으나 돌고래를 한 마리도 찾아내지 못했다. 2007년 바이지는 사람에 의해 멸종된 최초의 고래로 기록되었다. 싼샤 댐으로 인해 멸종 위기에 내몰린 생물의 수는 갈수록 늘어나는 추세이다.

  싼샤 댐은 중국 정치가들의 숙원 사업이었다. 1919년 국민당 지도자인 쑨원(孫文)이 처음 아이디어를 내고, 1932년 장제스(蔣介石)가 타당성 조사를 했으며, 1949년 공산당 정권 수립 직후 마오쩌둥(毛澤東)이 시로 써서 노래한 양쯔 강 댐이 중국 인민에게 얼마나 득이 되고 독이 될지 지켜볼 일이다. (2008년 6월 14일)

이인식의 멋진과학 062
정치 성향은 타고난다

사람의 정치적 성향은 태어날 때부터 결정되어 있다는 연구 결과가 잇따라 발표되고 있다. 보수주의자 또는 진보주의자, 우파 또는 좌파가 되는 것이 타고난 운명이라는 뜻이다.

2003년 미국 뉴욕대의 심리학자인 존 조스트는 『미국 심리학자 American Psychologist』에 성격과 정치 성향의 상호관계를 밝힌 논문을 게재했다. 조스트는 12개국 2만여 명을 대상으로 실시된 88개 연구를 분석하고, 성격이 정치적 신조에 미치는 영향을 확인했다. 심리학자들이 성격을 구분하는 다섯 가지 특성인 개방성, 성실성, 외향성, 친화성, 정서 안정성 중에서 특히 앞의 세 가지 특성은 정치 성향과 깊은 관계가 있는 것으로 밝혀졌다. 가령 개방적인 성격의 소유자는 그렇지 않은 사람보다 자유주의자가 될 확률이 두 배 정도 높게 나타났다. 그 밖에도 몇 가지 흥미로운 사실이 드러났다. 죽음의 공포를 많이 느끼는 사람일수록 보수적 견해를 가질 가능성이 4배가량 높았다. 또한 보수주의자들은 간단명료한 노래나 그림을 선호했다.

2005년 미국 라이스대의 정치학자인 존 앨퍼드는 『미국 정치학 평론(APSR)』에 정치 성향이 유전에 의해 결정된다는 논문을 기고했다. 앨퍼드는 행동유전학에서 20년 동안 발표된 자료를 분석했다. 이 중에는 3만 명의 쌍둥이에게 정치적 견해를 물은 자료도 포함되어 있었다. 앨퍼드는 유전자 전부를 공유한 일란성 쌍둥이가 정치적 질문에 대해 유전자의 절반을 공유한 이란성 쌍둥이보다 동일한 답변을 더 많이 하는 것을 밝혀냈다. 이 결과는 유전자가 정치적 답변에 영향을 미친 증거로 받아들여졌다.

2007년 8월 캘리포니아대의 정치학자인 제임스 파울러는 미국정치학회(APSA) 모임에서 선거일에 투표하러 갈지 아니면 기권할지를 결정하는 문제는 몇몇 유전자와 관련이 있다는 연구 결과를 보고했다. 파울러는 일란성 쌍둥이 326쌍과 이란성 쌍둥이 196쌍의 투표 기록을 분석하고, 유전적 요인이 투표 행위에 미치는 영향은 60퍼센트이고 환경적 요인은 40퍼센트임을 확인했다. 또한 파울러는 투표 행위에 관련된 유전자 2개를 찾아냈다. 이 유전자들은 뇌 안의 신경전달물질인 세로토닌의 분비를 조절하는 데 간여한다. 세로토닌은 신뢰와 사회적 상호작용에 관련된 뇌 영역에 영향을 미친다. 이 유전자를 가진 사람은 세로토닌을 잘 조절할 수 있기 때문에 더 사교

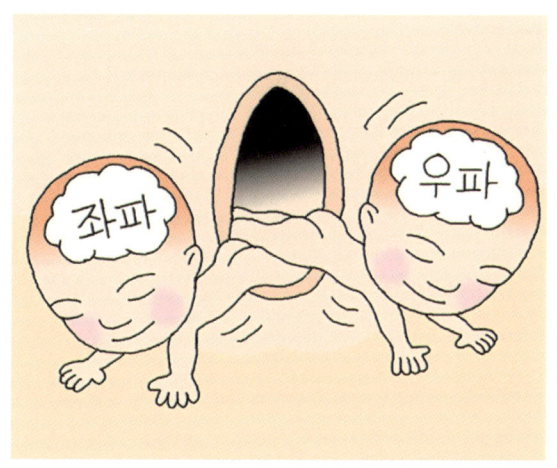

적으로 된다. 이러한 사람들은 선거일에 집에서 빈둥거리지 않고 투표장에 나갈 가능성이 여느 유권자들보다 1.3배 높은 것으로 분석되었다.

2007년 9월 뉴욕대 심리학자인 데이비드 아모디오는 『네이처 뉴로사이언스』 온라인판에 게재된 논문에서 사람마다 정치 성향이 다른 까닭은 뇌 안에서 정보가 처리되는 방식이 근본적으로 다르기 때문이라고 주장했다. 아모디오는 43명에게 보수주의자인지 자유주의자인지 정치적 입장에 대해 질문하고 두개골에 삽입한 전극으로 전두대상피질(ACC)의 활동을 측정했다. 전두대상피질은 의견이나 이해관계의 충돌을 해결하는 기능을 가진 부위이다. 자유주의자의 뇌에서 이 부위가 보수주의자보다 2.5배 더 활성화되는 것으로 나타났다.

좌파 성향의 사람들이 우파들보다 변화의 요구에 민감하고 새로운 생각을 더 잘 수용하기 때문에 그러한 반응이 나타난 것이라고 해석될 수 있다.

2008년 3월 일리노이대의 이라 카먼은 정치학자, 유전학자, 신경과학자가 대거 참여한 학술회의를 개최하여 성격, 유전자, 뇌 기능이 정치 성향에 미치는 영향을 유기적으로 연구하는 분위기를 조성했다.

누구나 정치적 소신을 타고난다면 정치를 바라보는 시각이 바뀌어야 할 것 같다. 무엇보다 유권자의 성향을 고려하지 않고 덤비는 선거운동의 효과가 의문시된다. 우파와 좌파의 대결이 숙명적이라면 정치는 타협이나 양보의 예술이 되어야 할 터이다. (2008년 6월 21일)

게이는 태어난다

지난 17일부터 미국 캘리포니아 주는 동성애 부부에게 결혼 증명서를 발급하기 시작했는데 첫날 하루에만 2,300쌍이 결혼을 신고했다. 캘리포니아는 매사추세츠에 이어 동성 간 결혼이 합법화된 두 번째 주이다.

동성애의 원인에 대해서는 타고난 성향으로 보는 견해와 성장 과정의 결과로 보는 견해가 맞서지만, 전자 쪽 목소리가 갈수록 커지는 추세이다. 동성애의 생물학적 근거를 밝히려는 연구가 괄목할 만한 성과를 거둔 덕분이다.

1991년 미국 신경과학자 사이먼 리베이는 『사이언스』 8월 30일자에 실린 논문에서 게이(남성 동성애자)와 이성애 남자의 뇌 구조에 차이가 있음을 처음으로 밝혀 세계 언론의 주목을 받았다. 에이즈로 죽

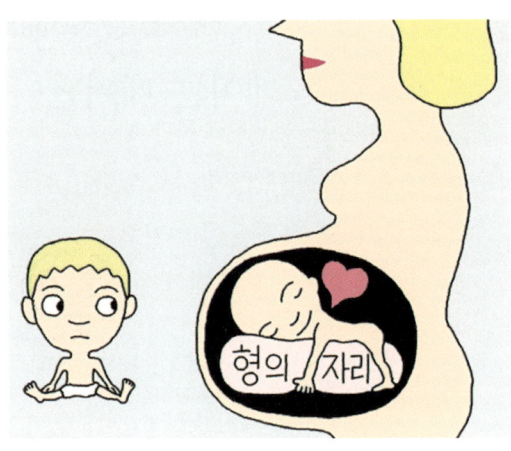

은 19명의 게이를 포함해서 이성애 남자 16명, 여자 6명 등 41명의 뇌를 검시했는데, 시상하부의 간핵(INAH) 네 개 중에서 세 번째 것의 크기가 현저하게 달랐다. 호두 크기만 한 시상하부는 성욕을 제어하는 영역이다. 제3간핵은 이성애자의 것이 게이보다 두 배가량 컸으며 게이와 여자는 그 크기가 같았다.

같은 해에 미국의 심리학자 마이클 베일리와 정신의학자 리처드 필라드는 『일반정신의학 문서 Archives of General Psychiatry』 12월호에 일란성 쌍둥이의 한쪽이 게이라면 다른 쪽도 게이가 될 확률이 높다는 연구 결과를 발표했다. 유전자 전부를 공유한 일란성 쌍둥이는 57퍼센트가 둘 다 게이인 반면에, 유전자 절반을 공유한 이란성 쌍둥이는 24퍼센트만이 둘 다 게이였다.

1993년 미국 분자생물학자 딘 해머는 『사이언스』 7월 16일 자에

게이 형제들이 공유한 유전자의 위치를 찾아냈다는 논문을 발표하여 세계 언론에 대서특필되었다. 리베이와 해머는 게이이다.

2001년 캐나다 심리학자 레이 블랜차드는 『호르몬과 행동Hormones and Behavior』에 게이가 이성애자들보다 형을 더 많이 갖고 있다는 이론을 발표했다. 형의 수에 비례해서 게이가 될 확률이 증가한다는 뜻이므로 '형제 출생 순서 효과'(fraternal birth order effect) 이론이라 불린다. 블랜차드는 형이 한 명 많을수록 게이가 될 확률은 3분의 1씩 증가한다고 주장했다. 물론 세 명 이상의 형을 가진 남성이 반드시 게이가 된다는 뜻은 아니다. 블랜차드는 게이가 된 아기들이 이성애자인 형제보다 평균 170그램 가볍게 태어난 사실에 주목하고, 형들이 먼저 지나간 자궁에서 발육하며 받은 영향이 동성애 성향을 갖게 했을 것이라고 설명했다.

2008년 스웨덴 신경과학자 이방카 사빅은 『미 국립과학원 회보 (PNAS)』 온라인판 6월 16일 자에 게이와 레즈비언(여성 동성애자)의 뇌 크기가 이성애자와 다른 것으로 밝혀졌다는 논문을 발표했다. 대뇌의 좌반구와 우반구의 크기가 남자는 게이가 대칭이고 이성애자가 비대칭인 반면에, 여자는 레즈비언이 비대칭이고 이성애자가 대칭으로 나타났다는 것이다.

동성 결혼은 미국 대선에서 항상 쟁점이 되었지만 올해는 사정이 다를 것 같다. 보수적인 존 매케인 공화당 후보마저 연방 차원에서 동성 결혼을 금지하는 조지 W. 부시 대통령과 달리 주별로 결정할 문제라고 한 발 비켜섰기 때문이다. (2008년 6월 28일)

이인식의 멋진과학 064

틈만 나면 거울 보는 신체 기형 장애

 미국 인기 가수 마이클 잭슨은 성형수술을 30회 이상 받은 것으로 알려졌다. 그의 아내에 따르면 잭슨은 잠자리에서도 얼굴 화장을 지우지 않는다고 한다. 잭슨은 분명히 신체 기형 장애(BDD: body dysmorphic disorder) 환자이다. 신체 일부에 결함이 있다고 상상해 비정상적으로 강박감을 느끼는 심리 상태를 신체 기형 장애라고 한다. 인구의 1~2퍼센트가 BDD 증상을 가진 것으로 추정된다.
 대부분의 사람들은 자기 외모에서 최소 한두 부분은 싫어한다는 사실이 밝혀졌다. 매력적인 사람이나 못생긴 사람이나 BDD 환자가 될 확률은 엇비슷하다는 뜻이다. BDD 환자들은 신체 특정 부분, 가령 얼굴, 다리, 손, 젖가슴, 생식기에 결점이 있다고 생각한다. 미국인들은 코에 가장 많이 집착한다. BDD 환자 가운데 45퍼센트가 코에

지독한 결점이 있다고 생각하는 것으로 나타났다. 일본에서는 눈꺼풀로 고민하는 사람들이 많다고 한다.

  BDD 증상을 나타내는 사람들은 날마다 몇 시간씩 거울을 끼고 살기 때문에 다른 일을 제대로 하지 못해 일자리를 잃기 일쑤이다. 친구나 가족과 어울리는 것을 회피하고 불안장애나 우울증에 걸리기 쉽고 자살 충동을 이기지 못해 목숨을 끊는 경우도 있다.

  그러나 BDD 환자들 스스로 정신질환으로 받아들이지 않고 단지 외모가 못생겨 나타나는 자각 증상이라고 가볍게 여기기 때문에 10여 년 이상 문제가 드러나지 않는다. 따라서 BDD 환자들은 신경정신과 대신 성형외과 의사를 찾아가기 십상이다. 격월간『사이언티픽 아메리칸 마인드』4~5월호에 따르면 성형수술을 받는 사람의 15퍼센트 정도가 BDD 환자이다.

BDD의 원인은 여러 측면에서 분석되고 있다. 심리적 요인으로는 용모에 자신감을 갖지 못하는 성격이 꼽힌다. 그런 성향은 뇌의 기능 등 생물학적 요인에서 비롯된다는 연구 결과도 나왔다. 2005년 미국 브라운대 정신의학자 캐서린 필립스는 BDD 개론서인 『깨어진 거울 Broken Mirror』을 펴내고 BDD 환자들은 뇌 안의 신경전달물질인 세로토닌의 분비에 이상이 있는 것으로 나타났다고 주장했다. 환경적 요인도 무시할 수 없다. 외모에 과도하게 집착하는 사회에서 자라난 사람들은 아무래도 BDD 환자가 될 가능성이 크다.

한편 정신적 요인보다는 비정상적인 시각 능력이 BDD 증상을 초래한다는 연구 결과가 잇따라 발표되고 있다. 다른 사람들보다 시각 능력이 예민해서 외모의 사소한 흠결도 놓치지 않기 때문에 BDD 환자가 될 수밖에 없다는 것이다. 미국 정신의학자 제이미 퓨스너는 BDD 환자 12명과 건강한 사람 12명에게 여러 종류의 얼굴 사진을 보여 주고 그들의 뇌를 기능성 자기공명영상 장치로 들여다보았는데, BDD 환자의 뇌가 사진의 미세한 부분까지 감지하는 것으로 나타났다.

2007년 『일반정신의학 문서 Archives of General Psychiatry』 12월호에 발표한 논문에서 퓨스너는 뇌의 시각정보 처리 기능이 정상적이지 않기 때문에 BDD 증상이 나타나는 것이라고 주장했다.

BDD를 치유하려면 무엇보다 먼저 자신의 외모가 완벽하지 않아 남들이 매력을 느끼지 못할 것이라는 생각에서 벗어나야 할 것이다.

(2008년 7월 5일)

창의적 능력을 키우는 네 가지 기술

평범한 사람들은 위대한 과학자나 예술가처럼 세상을 바꾸는 아이디어를 내놓지는 못하더라도 일상생활에서 겪는 문제를 좀 더 창의적으로 해결할 수 있게 되길 소망한다. 격월간 『사이언티픽 아메리칸 마인드』 6~7월호에는 보통 사람들이 창의적인 능력을 함양하는 방법이 커버스토리로 소개되었다.

창의적인 사람이 되려면 네 가지 기술을 갖춰야 한다.

첫 번째 기술은 '획득(capturing)'이다. 새로운 아이디어가 생각나면 기록에 남겨 보존하는 습관을 갖도록 해야 한다. 아이디어가 갑자기 떠오르는 장소로는 '3B', 곧 욕조(bathtub), 침대(bed), 버스(bus)가 손꼽히지만 현장에서 기록하기 쉽지 않기 때문에 각별한 노력을 기울이지 않으면 안 된다.

두 번째는 '도전(challenging)'이라 불리는 기술이다. 가급적이면 어렵고 힘든 문제에 매달려야 한다. 어려운 문제일수록 여러 해결 방안을 궁리하게 되고, 여러 방안의 관련성을 분석하다 보면 새로운 아이디어가 떠오르게 마련이다.

세 번째 기술은 '확장(broadening)'이다. 여러 분야에 관심을 많이 갖고 많은 지식을 꾸준히 습득하도록 해야 한다. 머릿속의 지식이 다양할수록 여러 생각을 연결시켜 새로운 아이디어를 만들어 낼 수 있기 때문이다. 네 번째로는 '환경(surrounding)'을 조성하는 능력이 중요하다.

천재는 홀로 지낸다는 고정관념은 잘못이다. 천재는 남이 이룩한 성과로부터 영향을 받는다. 갈릴레이가 없었다면 뉴턴이 업적을 낼 수 없었으며 뉴턴이 존재하지 않았다면 아인슈타인은 나타나지 않았을 것이다. 창의적인 사람들은 남의 지혜를 활용한다. 다양한 지식을 가진 사람들과 네트워크를 구축해 놓으면 새로운 아이디어를 얻는 데 효과적이다.

미국의 경우, 창의적인 사람이 줄어드는 이유는 크게 두 가지가 지적된다. 첫째, 교육 문제이다. 누구나 어릴 적에는 창의성을 발휘한다.

그러나 초등학교에 들어가면 대부분 창의력을 상실한다. 시험공부를 열심히 해야 하고, 공상에 잠기거나 신기한 질문을 하면 놀림감이 되기 십상이기 때문이다.

둘째, 독창적인 사람들에 대한 부정적인 편견이다. 화가나 소설가 등 창조적인 전문가들을 미치광이, 마약 중독자 또는 경제적 무능력자로 치부하는 사회 분위기가 부정적으로 작용하고 있다.

창의적인 아이디어를 내려면 무엇보다 창의적인 사람들처럼 생각하고 행동해야 할 것이다. 창의적인 사람들은 실패를 두려워하지 않고 새로운 기회로 받아들인다. 실패가 창의성을 직접적으로 자극한다는 실험 결과도 나왔다. 남의 비판도 기꺼이 받아들일 마음가짐이 되어 있어야 한다.

비판을 두려워하면 그 순간 창의적인 사고는 불가능해진다. 낮잠을 자는 등 짧은 휴식 시간을 자주 갖는 것도 창의적인 아이디어를 내놓는 데 크게 도움이 되는 것으로 알려졌다.

결론적으로 창의적인 능력은 특별한 사람에게만 주어지는 선물이

아니라 누구나 다양한 방법으로 개발할 수 있는 자질이다.

따라서 유치원 시절부터 아이들에게 창의적인 문제해결 능력을 가르치지 못할 이유가 없다.

창의성은 전염성이 강하다. 어린이들에게 창의적인 인물들의 여러 모습을 보여 주면 금방 모방을 하게 될 것이다. 어린이의 상상 속에서 우리의 미래는 자라난다. (2008년 7월 12일)

이인식의 멋진과학 066
대중의 놀라운 지혜

용모가 출중하고 다재다능한 영국 신사 프랜시스 골턴은 교배 기술로 동식물의 품종을 개량하는 것처럼 우수한 인종을 만들어 낼 수 있다고 주장하여 우생학의 아버지라 불린다.

1907년 85세에도 지적 호기심을 주체 못한 골턴은 우연히 소의 무게를 맞히는 사람에게 상금을 주는 대회를 구경했다. 내기에 참가한 800명은 대부분 소에 관한 지식이 전혀 없었다. 골턴은 대중의 어리석음을 입증하고 싶어 참가자들이 써낸 추정치의 평균값을 뽑아 보았다.

소 무게의 평균값은 1,197파운드로 나왔다. 참가자들이 소를 잘 모르기 때문에 실제 무게와 크게 다를 것이라고 생각한 골턴은 경악하지 않을 수 없었다. 소의 무게는 측정 결과 1,198파운드로 나타났기 때문이다. 그해 3월 『네이처』에 '여론vox populi'이라는 제목으로 발표한 논문에서 골턴은 군중의 판단이 완벽했음을 인정하면서, 선거에서도 유권자들이 올바른 판단을 내릴 것이므로 "민주주의도 생각한 것보다 신뢰할 만한 구석이 있다."고 썼다.

골턴의 사례는 어떤 상황에서 집단 구성원이 특별히 박식하거나 합리적이지 않더라도 집단 전체가 옳은 결정을 내릴 수 있음을 보여주었다. 미국 경영 칼럼니스트 제임스 서로위키는 이러한 집단의 지적 능력을 '대중의 지혜'(wisdom-of-crowds)라고 명명하고, 2004년 5월 펴낸 같은 제목의 저서에서 군중의 어리석음과 광기를 경멸하는 견해에 도전하는 논리를 펼쳤다.

집단을 비하한 발언은 이루 헤아릴 수 없이 많다. 가령 철학자 니체는 "광기 어린 개인은 드물지만 집단에는 그런 분위기가 항상 존재한다."고 말했으며, 사회학자 구스타프 르봉은 "집단은 높은 지능이 필요한 행동을 할 수 없으며, 소수 엘리트보다 언제나 열등하다."고 비웃었다.

하지만 서로위키는 대중의 지혜 효과가 여러 모습으로 나타난다고 주장했다. 주식시장이 큰 탈 없이 작동하다가 가끔 엉망이 되고, 새벽에 동네 편의점에 가서 항상 우유를 살 수 있는 이유도 대중의 지혜가 존재하기 때문이라는 것이다. 요컨대 전문가 말만 듣지 말고 대중에게 답을 물어보는 것이 현명하다는 결론을 내리고 있다.

대중의 지혜 효과가 개인에서도 발생한다는 연구 결과가 『심리과

학』 7월호에 발표되었다. 미국 매사추세츠 공대 인지과학자 에드워드 벌과 캘리포니아대 심리학자 해럴드 패슐러는 428명에게 '미국에는 세계 공항의 몇 퍼센트가 있는가'와 같은 질문 여덟 개를 주고 그 대답의 정확성을 분석했다.

실험 대상자는 같은 질문에 대해 두 차례씩 답을 하도록 했다. 대상자 절반에게는 첫 번째 답안지를 작성한 직후 예고 없이 두 번째 답안지를 내도록 했으며 나머지 절반으로부터는 3주 뒤에 답을 받아냈다. 벌과 패슐러는 두 경우 모두 두 차례 답의 평균이 첫 번째나 두 번째 답보다 더 우수하다는 사실을 발견했다.

이는 사람이 똑같은 문제에 대해 두 번 지레짐작할 때 두 번째가 첫 번째보다 정확하지 못해 그 평균의 정확도가 떨어질 것이라는 기존 통념과 다른 결과이다. 이러한 현상은 정확한 답을 모르는 질문에 대해 여러 차례 지레짐작하는 동안 뇌 안에서 수많은 아이디어들이 마치 군중처럼 작용했기 때문에 발생한 것으로 여겨진다. (2008년 7월 19일)

동물로 질병 치료한다

　동물이 나오는 방송 프로그램은 여전히 인기가 높고 애완동물에 대한 사회적 관심도 증가 추세이다. 우리 사회에 인정이 결핍되고 일상이 각박해지면서 나타나는 현상으로 분석된다.
　미국 사회도 동물을 사랑하는 사람들이 적지 않다. 미국 가정의 63퍼센트가 한두 마리의 애완동물을 보유한 것으로 알려졌다. 애완동물을 기르는 사람들이 그렇지 않은 사람보다 행복감을 느낀다는 연구 결과가 여러 차례 발표되었다.
　2003년 미국 뉴욕 주립대 심리학자 카렌 앨런은 애완동물이 곁에 있으면 혈압이 낮아지고 스트레스가 줄어든다는 보고서를 내놓았다. 애완동물이 사람에게 위안이 된다는 사실에 이의를 제기하는 과학자는 거의 없지만 동물 매개 치료(AAT: animal-assisted therapy)의 효용성을

놓고는 의견이 분분하다. 동물을 사용하여 질병을 치료하는 것을 동물 매개 치료라 한다. AAT에 사용되는 동물은 말, 개, 고양이, 토끼, 새, 물고기, 돌고래 등이다. AAT는 정신분열증, 우울증, 공포증, 강박장애, 주의력결핍과잉행동장애, 자폐증 등 각종 정신질환 치료에 활용된다.

동물 매개 치료는 1792년 영국에서 처음 시도했다는 기록이 있지만 1960년대에 미국 예시바대 심리학자 보리스 레빈슨에 의해 처음 정립되었다. 동물 매개 치료 중에서 가장 관심을 끄는 것은 돌고래 매개 치료(DAT: dolphin-assisted therapy)이다. 자폐증이나 발육 장애를 가진 어린이들에게 사용되는 DAT는 미국의 플로리다와 하와이에서 주로 실시되며 멕시코, 이스라엘, 러시아, 일본, 중국, 바하마에서도 활용된다. DAT를 받는 동안 아이들은 물속에서 나무못에 고리를 거는 것처럼 기본적인 동작을 하면서 돌고래와 상호 작용한다.

DAT는 여러 웹사이트(www.dolphinassistedtherapy.com)에서 치료 효과가 대단한 것으로 선전되고 있지만 실상은 그렇지 않다는 연구 결과가 나왔다. 2007년 미국 에모리대 심리학자 로리 마리노와 스콧 릴리엔펠드는 『앤스로주스Anthrozoos』 9월호에 DAT의 효과가 별로 없는 것으로 밝혀졌다는 논문을 발표했다. 이를 계기로 동물 매개 치료의 효용성에 대해 의문이 제기되고 있다.

스콧 릴리엔펠드는 격월간 『사이언티픽 아메리칸 마인드』 6~7월호에 기고한 칼럼에서 AAT의 문제점을 지적했다. 첫째, AAT는 치료 효과에 비해 시간과 비용이 많이 소요된다. 돌고래 매개 치료의 경우, 치료비가 3,000~5,000달러이다. 치료 장소로 이동하는 교통비와 숙박비는 별도이다. 둘째, AAT는 신체적으로 위험할 수 있다. 돌고래 매개 치료의 경우, 치료 도중에 아이들이 돌고래에 의해 상처를 입기 일쑤이고 돌고래가 전염병을 옮길 가능성도 있다. 셋째, AAT는 동물 자체에게 달갑지 않은 피해를 줄 수 있다. 돌고래 매개 치료의 경우, 돌고래를 치료 시설로 옮기면서 어미나 새끼들과 떼어 놓아야 할 뿐만 아니라 운반 도중 부주의로 죽는 일도 자주 발생한다.

동물 매개 치료가 부정적 측면이 적지 않다고 해서 많은 동물이 인간의 반려로서 즐거움을 안겨 준다는 사실이 부인되는 것은 아니다. 애완동물은 외로운 노인이나 어린이에게 가족이나 친구 못지않게 소중한 존재임은 두말할 나위 없다. (2008년 7월 26일)

이인식의 멋진과학 068

머리 좋아지는 음식

　음식을 잘 골라 먹으면 머리가 좋아질 수 있다는 연구 결과가 잇따라 발표되고 있다.
　임산부가 빈혈 특효약으로 가끔 섭취하는 엽산(葉酸, folic acid)이 50~70살 된 사람들의 인지능력 감퇴를 늦추는 효과가 있는 것으로 밝혀졌다.
　2007년 영국 의학 전문지 『랜싯Lancet』 2월 24일 자에 실린 논문에서 네덜란드 와게닝겐대의 제인 더가는 3년간 연구 결과 엽산 식품을 먹으면 기억력, 정보처리 속도, 언어 구사 능력 등이 개선되는 것으로 나타났다고 보고했다. 엽산은 시금치, 오렌지 주스, 마마이트(수프의 조미료로 쓰이는 이스트) 등에 많이 들어 있다.

미국 캘리포니아대 생리학자 페르난도 고메즈-피닐라는 식품이 뇌에 미치는 영향을 연구한 160개 이상의 보고서를 분석하고, 음식을 잘 조절하면 뇌의 노화를 예방하여 인지능력을 향상시킬 수 있다는 결론을 얻었다.

『네이처 신경과학 개관Nature Reviews Neuroscience』 7월호에 발표한 논문에서 고메즈-피닐라는 산화방지제나 오메가3지방산을 함유한 식품은 효과가 대단해서 국가 전체의 정신 건강과 직결될 정도라고 강조했다.

고메즈-피닐라는 누구나 반드시 산화방지제를 많이 먹을 것을 주문했다. 산화방지제가 노화 예방에 도움이 된다는 것은 물론 이미 널리 알려진 사실이다.

인체가 에너지를 사용할 때 자동차의 매연처럼 부산물로 나오는 물질은 자동차의 쇠를 산화시켜 갉아먹는 녹처럼 단백질 등 거의 모든 생체분자를 산화시켜 세포를 손상시킨다. 젊었을 때는 세포가 이런 물질의 공격을 물리칠 능력이 있지만 나이가 들수록 방어 능력이 약해져서 세포가 죽어 가므로 노화가 촉진된다.

고메즈-피닐라는 사람 뇌가 몸 전체 에너지 사용량의 20퍼센트를 소모한다는 사실에 주목했다. 그가 관찰한 바로는 뇌가 에너지를 사용하는 과정에서 산화작용을 하는 화학물질이 다량으로 나왔으며 뇌 또한 이 물질로 인해 손상을 입게 마련이었다. 따라서 산화를 방지하는 기능을 가진 식품을 많이 섭취하지 않으면 뇌의 노화가 촉진되어 인지능력이 떨어질 수밖에 없다는 것이다.

산화방지제로 추천되는 대표적인 화합물은 폴리페놀이다. 폴리페놀은 쥐나 토끼 같은 설치류 실험에서 산화에 따른 뇌의 손상을 감소시키고 기억력을 증진시키는 것으로 확인되었다. 특히 해마에 미치는 영향이 큰 것으로 알려졌다. 해마는 장기기억 형성에 핵심적 역할을 하는 뇌 부위로서 알츠하이머병 등으로 손상되면 기억을 상실하게 된다.

산화방지 물질이 많이 함유된 식품으로는 푸른 잎 야채, 식물성 유지, 호두나 밤 따위의 견과, 딸기처럼 씨 없는 과실이 손꼽힌다.

오메가3지방산 역시 뇌 기능에 미치는 영향이 대단하다. 고메즈-피닐라의 연구에 따르면 오메가3지방산은 기억 능력을 향상시킬 뿐 아니라 우울증, 치매, 주의력결핍장애, 난독증 등 정신질환에 걸릴 소지를 줄여 준다. 학부모들이 오메가3지방산이 첨가된 빵, 우유, 비타민 정제를 어린 자식들에게 억지로 먹이는 것도 그 때문이다.

오메가3지방산은 연어 등 생선, 키위, 호두에 많다. 임신 중이거나 젖을 먹이는 기간에 어머니가 이런 식품을 먹으면 아이들의 머리가 좋아진다고 한다. 하지만 무턱대고 과다 섭취하지 않도록 조심할 일이다. (2008년 8월 2일)

이인식의 멋진과학 069

권태도 병이런가

신문도 들어오지 않는 어느 벽촌의 여름날 소설가 이상(1910~1937)은 온종일 '질식할 것 같은 권태 속에서' 빈둥거리며 무더위를 견딘다. 1937년 4월 그가 세상을 떠나고 한 달이 못되어 「조선일보」에 연재된 수필 「권태」에 나오는 이야기이다. 국어사전에는 권태를 '싫증을 느껴 게을러짐' 또는 '심신이 피곤하고 나른함'이라고 풀이했다. 대부분의 사람들에게 권태란 가령 따분한 강의나 지루한 노동이 끝나는 순간 눈 녹듯 사라지는 사소한 감정일 따름이다. 그러나 권태를 20여 년간 연구한 미국 웨스트플로리다대 심리학자 스티븐 보다노비치는 권태를 쉽게 느끼는 사람일수록 우울증, 불안장애, 약물 중독, 상습 도박, 알코올 중독에 걸리기 쉽고 분노, 공격적 행동, 대인관계 미숙을 곧잘 드러내며 직장이나 학교에서 좋은 성과를 내지 못하는 것으로 나타났다고 주장했다.

권태는 거의 1세기 동안 과학자들의 연구 주제였다. 1926년 영국에서는 단조롭고 반복적인 노동에 얽매인 공장 근로자의 심리 상태를 연구하는 과정에서 권태는 일종의 정신적 피로이며, 공장 조립 라인의 지루한 노동에 의해 발생한다는 연구 논문이 발표되었다. 1986년 미국 오리건대 심리학자 노먼 선드버그는 '권태 성향 척도'(BPS: Boredom Proneness Scale)를 발표했다. BPS는 28개 질문 항목에 점수를 매겨 개인별로 권태에 빠지기 쉬운 정도를 측정한다.

2005년 보다노비치는 『성격 평가 저널Journal of Personality Assessment』에 발표한 논문에서 BPS 분석 결과 권태는 두 가지 요인에 의해 발생한다고 보고했다. 하나는 외부 자극이다. 신기하고 변화무쌍하며 흥분시키는 자극이 주어지지 않을 때 권태를 느끼게 된다. 다른 하나는 내부 자극이다. 자기 스스로 자극적인 상황을 만들어 내는 능력을 갖지 못한 사람일수록 권태를 자주 느낀다. 스스로 즐길 줄 모르는 사람들은 권태감을 이겨 내지 못해 마약중독에 빠지는 등 평생 동안 충동적인 행동을 일삼게 마련이다.

한편 2007년 캐나다 워털루대 인지신경과학자 대니얼 스마일렉은 『의식과 인지Consciousness and Cognition』 온라인판 6월 15일 자에 발표한 논문에서 권태를 느끼는 성향은 나이 들면서 주의력이 저하되는 것과 관련이 있다고 보고했다. 대학생 300여 명을 대상으로 실험한 결과 기억력과 주의력이 떨어질수록 BPS에서 높은 점수를 얻는 것으로 나타났다. 또한 행복과 성취감을 느끼는 행위를 하지 못할 경우에도

권태가 발생할 수 있다는 실험 결과가 나왔다. 2007년 캐나다 요크대 임상심리학자 존 이스트우드는 『성격과 개인차Personality and Individual Differences』 4월호에 자신의 감정을 제대로 이해하거나 표출하지 못하는 사람들이 BPS에서 높은 점수를 획득한다는 논문을 실었다.

권태를 극복하는 방법은 한두 가지가 아닐 것이다. 일터를 옮기거나 사무실 분위기를 바꾸어 볼 수도 있고 새로운 일이나 취미에 관심을 가지면 단조로운 일상에서 벗어날 수 있다. 명상도 좋은 해결책이다.

물론 권태도 이로운 점이 없지 않다. 하는 일이 싫증 나면 시간 낭비라는 판단을 내리는 계기가 될 수 있고, 권태를 느끼는 동안 자신의 삶을 되돌아보며 새로운 출발을 다짐할 수 있기 때문이다. (2008년 8월 23일)

이인식의 멋진과학 070

포경수술, 약인가 독인가

　우리나라는 포경수술의 황금 시장이다. 40대 미만 남자의 80퍼센트 이상이 포경수술을 받았을 정도이다. 현재 세계적으로 포경수술을 받은 남성은 30퍼센트 정도이므로 한국이 어처구니없게 높은 포경수술 기록을 수립한 셈이다.
　남자의 생식기에서 성감이 가장 예민한 음경 귀두는 태어날 때 포피(包皮)로 덮여 있다. 이 포피를 절개하여 귀두가 노출되게끔 봉합하는 수술이 포경수술이다. 기원전 5세기 그리스 역사가 헤로도토스에 따르면 포경수술은 이집트에서 1,000년 넘게 이어져 내려온 관습이었다. 목적은 음경의 청결을 유지하는 것이었다.
　유대인들은 이집트로부터 이 관습을 받아들여 생후 8일째 되는 날

포경수술을 시행한다. 이 의식을 할례라 한다. 할례는 구약성서에서 하느님과 아브라함의 후손 사이에 맺은 계약의 증표로 묘사된다. 아브라함은 99세에 할례를 받는다.

종교적 관습에 불과했던 포경수술이 의료 시술로 바뀐 시기는 19세기 후반이다. 특히 청소년들의 수음 행위를 막는 수단으로 포피 절단이 효과적이라고 여겨졌다. 1949년 미국에서 포경수술이 정식 의료 행위로 허가되었다. 이를 계기로 포경수술을 둘러싼 찬반 논쟁이 시작되었다.

찬성 쪽에서는 포경수술을 하면 음경암이나 요로감염은 물론 성기 접촉을 통해 전염되는 질병에 걸릴 위험을 줄일 수 있다고 주장한다. 한편 반대편에서는 음경암이 희귀한 질병이며 포경수술을 받지 않더라도 요로감염에 걸릴 확률에는 큰 차이가 없고 성병 역시 포경수술보다 콘돔이 훨씬 확실한 예방 수단이라고 반박한다.

반대론자들은 한 걸음 더 나아가 성적으로 예민한 조직을 아이의 동의 없이 잘라 내는 처사는 비윤리적이라고 주장한다. 포피의 제거가 어른이 된 뒤 평생 동안 남자의 성생활에 영향을 미칠 수 있다는 연구 결과가 나왔기 때문이다.

1999년 3월 미국소아과학회(AAP)는 신생아의 포경수술을 반드시 해야 할 필요가 없다고 공식 선언했다. 포경수술을 권고할 만큼 의학적 이득이 충분치 않다고 결론을 내린 것이다.

그러나 2002년 스페인 바르셀로나 병원의 연구진들은 『뉴잉글랜드 의학 저널(NEJM)』 4월 11일 자에 포경수술을 받은 남자를 성교

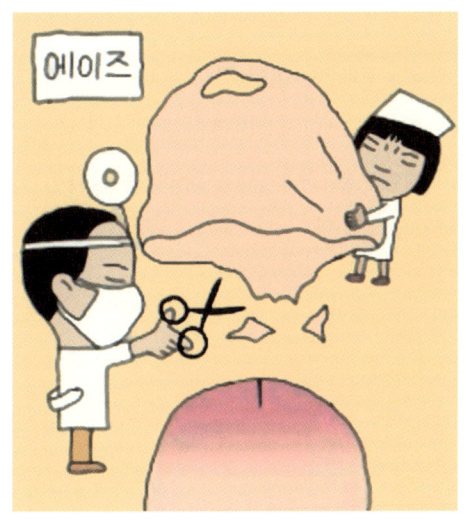

상대로 가진 여성일수록 자궁경부암에 걸릴 확률이 낮다는 논문을 발표했다. 이 논문은 브라질, 스페인, 태국, 콜롬비아, 필리핀 등 5개국 자료를 분석한 결과 자궁경부암을 일으키는 인간유두종바이러스(HPV)가 포경수술을 받은 남자의 6퍼센트에서 나타난 반면에 포경수술을 받지 않은 남자에서는 20퍼센트 넘게 나타났다고 보고했다. 해마다 지구촌에서 46만여 명의 여성이 자궁경부암으로 죽어 간다.

한편 에이즈에 걸린 아프리카 남자의 대다수가 포경수술을 하지 않은 것으로 밝혀짐에 따라 포경수술이 에이즈 감염에 효과적인 대책이 될 수 있는지를 확인하는 연구가 대대적으로 실시되었다. 2002년 7월부터 남아프리카에서 임상 실험을 한 결과 포경수술이 에이즈 감염을 60퍼센트까지 낮출 수 있는 것으로 밝혀졌다. 케냐와 우간다에서도 유사한 실험 결과가 나왔다. 2007년 『랜싯Lancet』 2월 24일 자에 이 보고서가 실리면서 포경수술로 수백만 명의 아프리카 사람들이 에이즈로 죽는 것을 막을 수 있다는 희망을 갖게 되었다. (2008년 8월 30일)

이인식의 멋진과학 071
소설이 사람을 성장시킨다

　문학평론가 김현(1942~1990)은 그가 엮은 『문학이란 무엇인가』(1976)에서 "문학은 인간 정신이 자유롭게 자신을 표현할 수 있는 폭넓은 공간"이라고 말하고 "문학작품이 독자들에게 정서적 반응을 불러일으킨다면 그것은 어떠한 형태로 그에게 작용하게 될까?"라고 묻는다. 그 해답을 모색하는 심리학자들의 연구 결과가 잇따라 발표되고 있다.
　소설이건 논픽션이건 동서고금을 통해 널리 읽히는 명작은 뛰어난 이야기 구조로 독자를 사로잡아 작품의 주인공과 정서적으로 일체감을 느끼게 만든다. 이러한 상태는 심리학에서 '이야기 도취'(narrative transport)라고 불린다.

    2004년 미국 노스캐롤라이나대 심리학자 멜라니 그린은 『담화 과정Discourse Processes』 제2호에 발표한 논문에서 독자가 이야기에 도취되는 이유는 인생에 대해서나 현실 세계에 대해 생각하고 느끼는 것과 비슷한 점을 발견하기 때문이라고 주장했다.

    고대 신화에서 현대 소설까지 인류는 이야기를 끊임없이 만들어 내고 또 즐긴다. 이러한 성향이 인간 본성처럼 진화된 이유에 대해서 미국 하버드대 진화심리학자 스티븐 핑커는 설득력 있는 설명을 내놓았다.

    2007년 『철학과 문학Philosophy and Literature』 4월호에 실린 논문에서 핑커는 사회집단에서 이야기가 정보 습득과 대인 관계에 중요한 도구였기 때문에 인류의 진화 과정에서 이야기를 주고받는 성향이 존속하게 되었다고 주장했다. 인류의 조상은 집단을 이루고 살면서 사회적 관계가 갈수록 복잡해짐에 따라 다른 구성원들이 누구이며 무엇을 하고 있는지 알기 어려워졌다. 구성원에 관한 정보를 확산시키는 효과적인 방법의 하나로 이야기를 만들어 주고받게 되었다는 설명이다.

핑커의 주장대로 오늘날에도 보통 사람들의 대화는 대부분 사람 이야기로 채워진다. 1997년 영국 리버풀대 진화생물학자 로빈 던바는 남녀노소를 불문하고 공공장소에서 말하는 시간의 65퍼센트는 사람에 관련된 이야깃거리에 할애되는 것으로 나타났다는 논문을 발표했다.

핑커나 던바의 주장처럼 이야기는 집단 내에서 사회적 결속을 촉진하고 집단의 지식을 다음 세대로 전승하는 유용한 수단이었기 때문에 인간 문화에서 사라지지 않고 있다.

하지만 일부 심리학자들은 이야기가 집단뿐만 아니라 개인에게도 지대한 영향을 미치고 있다는 연구 결과를 내놓기 시작했다. 대표적인 성과는 1999년 6월 캐나다 토론토대 인지심리학자 키스 오틀리가 『일반심리학 개관Review of General Psychology』에 발표한 논문이다.

오틀리는 소설이란 사람 마음의 소프트웨어에서 동작하는 모의실험(simulation)이라는 독특한 이론을 제시했다. 이야기는 사회생활을 위한 '비행 시뮬레이션 장치'라고 비유했다. 비행기 조종사들이 비행 모의실험을 통해 비행 기술을 습득하는 것처럼 사람들은 소설을 읽으면서 사회적 기술을 학습할 수 있다는 뜻이다.

  2006년 연구에서 오틀리는 소설을 더 많이 읽는 대학생일수록 사회적 능력이 더 뛰어나다는 사실을 밝혀냈다. 2008년 『뉴 사이언티스트』 6월 28일 자에 기고한 글에서 오틀리는 소설 독자는 근본적으로 감정이입 능력이 뛰어나며 논픽션 독자보다 대외 활동을 더 잘 수행하는 것으로 나타났다고 주장했다. 소설은 삶을 연습하는 훌륭한 운동장인 셈이다. (2008년 9월 6일)

만지면 믿게 된다

 우리는 날마다 낯선 사람들을 만나면서 어느 정도 믿고 상대해야 할지를 몰라 당황하는 경우가 허다하다. 특히 초면인 사람과 이해관계가 얽힐 때는 혹시 속임수에 말려들지 않을까 싶어 전전긍긍하게 마련이다. 주변에 사기를 당해 고통 받는 사람들이 적지 않은 것을 보면 처음 보고 신뢰할 만한 사람인지 아닌지 정확히 가려내는 것은 쉬운 일이 아닌 듯하다. 그러나 실험경제학자들은 신뢰 게임(trust game)을 해 보면 답이 나온다고 말한다.

 1990년대 중반에 미국 아이오와대 경제학자 조이스 버그가 고안한 신뢰 게임은 얼굴 한 번 본 적 없는 두 사람 사이에 진행된다. 갑과 을은 가령 1,000원씩 갖고 있다. 먼저 갑이 을에게 자신의 돈 일부를 건넨다. 만일 갑이 400원을 나눠 주기로 결정하면, 게임의 규칙에 따라 그 금액의 3배인 1,200원이 을에게 주어진다. 을의 돈은 2,200원으로 불어난다. 을이 자신의 돈에서 임의의 액수를 갑에게 되돌려 주면 게임은 종료된다. 갑과 을은 모르는 사이이므로 갑이 을을 신뢰하지 않았다면 돈의 일부를 내어놓았을 리 만무하고, 을이 갑의 신뢰를 배반했다면 돈의 일부를 돌려주지 않았을 것이기 때문에 신뢰 게임이라고 불린다. 실험경제학자들은 갑이 을에게 전달하는 금액으로 낯선 사람을 신뢰하는 정도를, 을이 갑에게 되돌려 주는 금액으로 신뢰받을 만한 정도를 측정할 수 있다고 전제하고 신뢰 게임을 곧잘 실시하여 인간의 협력적 성향에 관한 연구를 하고 있다.

　미국 신경경제학자 폴 자크는 신뢰 게임을 활용해서 옥시토신이

협력 행동에 미치는 영향을 분석하였다. 포옹의 호르몬이라 불리는 옥시토신은 여자가 출산과 수유를 할 때 분비될 뿐만 아니라 남녀가 오르가슴에 도달할 때 혈중농도가 급상승하는 화학물질이다. 2005년 『네이처』 6월 2일 자에 발표한 논문에서 자크는 신뢰 게임을 실시한 뒤 참가자들의 혈액을 채취하여 옥시토신의 혈중농도를 조사한 결과 을이 갑의 신뢰를 많이 받을수록 뇌 안에서 옥시토신이 많이 분비되었으며, 갑에게 더 많은 금액을 되돌려 준 것으로 나타났다고 보고했다. 신뢰 게임을 하는 동안 뇌 안에서 옥시토신 말고는 다른 호르몬에서 의미 있는 변화를 찾아볼 수 없었기 때문에 옥시토신은 신뢰의 행동을 일으키는 유일한 화학물질로 여겨진다.

미국 캘리포니아대의 베라 모헨은 낯선 사람들이 처음 만나서 악수나 포옹 같은 신체 접촉을 통해 협력 관계를 맺는 생리학적 메커니즘을 밝혀내기 위해 신뢰 게임을 활용했다. 모헨은 남녀 대학생 96명을 세 집단으로 나누었다. 첫 번째와 두 번째 집단은 안마를 받았고 세 번째 집단은 안마를 받지 않았다. 신뢰 게임에는 첫 번째와 세 번째 집단이 참여했다. 게임 종료 직후 옥시토신 혈중농도를 비교한 결과 첫 번째 집단은 올라가고, 두 번째 집단은 변화가 없고, 세 번째 집단은 다소 떨어진 것으로 나타났다. 2008년 『진화와 인간 행동(EHB)』 온라인판 7월 1일 자에 발표한 논문에서 모헨은 첫 번째 집단에서만 옥시토신의 혈중농도가 높아진 것은 안마와 같은 신체 접촉이 신뢰를 유발했기 때문이라고 설명했다. 낯선 사람들끼리 몸을 접촉하면 상대에게 너그러워진다는 뜻이다. (2008년 9월 13일)

이인식의 멋진과학 073

잠재의식 속의 편견

　1999년 2월 미국 뉴욕의 한 아파트에서 23살의 아프리카 출신 청년이 경찰의 총에 맞아 죽는 사건이 발생했다. 강간 용의자와 인상착의가 비슷한 그 젊은이가 호주머니에 손을 갖다 대는 순간 경찰관 4명은 41발을 난사해 19발을 명중시켰다. 그들은 살인죄로 기소되었지만 그 흑인 청년이 권총을 꺼내는 것 같아 정당방위 차원에서 그렇게 할 수밖에 없었다고 진술하여 무죄로 풀려났다. 흑인 청년이 호주머니에서 꺼내려고 한 것은 지갑이었지만 경찰관들은 총기일 것이라고 지레짐작한 것으로 밝혀졌다. 경찰관들이 눈 깜짝할 사이에 그런 오판을 하게 된 이유는 흑인을 위험한 존재로 여기는 편견이 잠재의식 속에 깊숙이 뿌리박혀 있었기 때문인 것으로 분석된다.

사람들은 사회적 집단, 가령 흑인과 백인, 여자와 남자, 늙은이와 젊은이, 돈 많은 사람과 가난한 사람 등에 대해 고정관념을 갖고 있다. 우리는 이러한 편견을 떨쳐 버리려고 노력하지만 잠재의식 속에 도사리고 있는 이른바 암묵적 편견(implicit bias)에서 벗어나기가 쉽지 않다.

사회집단에 대한 암묵적 편견은 합리적 판단 능력을 갖기 전에 머릿속에 형성되는 것으로 밝혀졌다. 2006년 하버드대 심리학자 마자린 바나지는 인종에 관한 암묵적 편견이 여섯 살까지 형성되어 평생 동안 사라지지 않는다는 연구 결과를 발표했다. 초등학교 입학 전의 백인 어린이들은 인종적으로 구분하기 힘든 성난 얼굴을 보면 백인보다는 흑인으로 판단하는 성향을 드러냈다.

일부 암묵적 편견은 뇌의 정서 기능과 깊은 관계가 있는 것으로 밝혀졌다. 2004년 오하이오 주립대 심리학자 윌리엄 커닝햄은 백인들에게 백인과 흑인의 얼굴을 연속적으로 보여 주고 백인의 뇌 활동을 측정한 결과, 백인 얼굴보다 흑인 얼굴이 편도체의 활동을 더 자극했다고 보고했다. 편도체는 공포와 경계심을 일으키는 부위이다. 인종에 관한 암묵적 편견이 강한 사람일수록 편도체가 더 활발하게 반응했다.

이처럼 흑인 얼굴이 잠재의식 속에서 경계심을 유발하는 이유는 미국의 문화와 관련이 있다는 주장도 나왔다. 노스웨스턴대 심리학자 제니퍼 리체슨은 흑인 청년을 범죄나 폭력과 연결시키는 미국 사회의 문화적 고정관념이 워낙 공고해서 뱀을 보면 위협을 느끼듯이 자동적으로 미국 백인의 뇌가 흑인을 위험한 존재로 판단한다는 연구 결과를 내놓았다.

암묵적 편견은 정서 반응뿐만 아니라 사려 깊은 의사결정에도 영향을 미칠 수 있다. 2007년 미국 럿거스대 심리학자 로리 러드먼은 흑인에 대한 암묵적 편견을 강하게 드러내는 백인일수록 일상생활에서 갖가지 방법으로 흑인을 차별하는 성향을 강하게 표출한다는 연구 결과를 발표했다. 이런 백인들은 흑인을 사회적으로 격리시키거나 신체적으로 위해를 곧잘 가했다. 또한 암묵적 편견을 가진 백인들은 흑인들에게 일터에서 불이익을 안겨 주기 일쑤였다. 이러한 무의식적인 인종 편견이 의료 행위에도 영향을 미치는 것으로 나타났다. 2007년 마자린 바나지의 연구에 따르면 병원 응급실 의사들이 흑인

환자에 대한 고정관념으로 진료에 최선을 다하지 않는 것으로 밝혀졌다.

흑인에 대한 편견이 백인의 머릿속에 똬리를 튼 미국 사회에서 흑인인 버락 오바마 대선 후보가 끝내 뜻을 이룰 수 있을는지. (2008년 9월 20일)

이인식의 멋진과학 074

육식 하면 지구 더워진다

　지구온난화 대책의 하나로 시험관 고기(in vitro meat)가 주목을 받고 있다. 시험관 고기는 말 그대로 소, 돼지, 닭 등 가축에서 떼어 낸 세포를 시험관에서 배양하여 실제 근육조직처럼 만들어 낸 것이다. 처음에는 우주에 오래 머무는 비행사들의 식품으로 개발되었으나 일반인들의 먹을거리로 기대를 모으고 있다. 2000년 처음으로 사람이 먹을 수 있는 시험관 근육 단백질이 생산되었다. 요컨대 시험관 고기 생산기술은 거의 기틀을 잡은 셈이다. 하지만 생산 비용이 걸림돌이 되고 있다. 지난 4월 9일 노르웨이에서 처음 열린 국제 시험관 고기 심포지엄에 참가한 과학자들은 현재 기술로 쇠고기 250그램 생산에 100만 달러가 소요되기 때문에 대량생산기술에 대한 연구가 필요하다는 결론을 내렸다. 가게에서 누구나 사 먹을 수 있도록 시험관 고기가 생산되려면 적어도 5~10년은 기다려야 할 것으로 예상된다.

그런데 4월 21일 미국의 한 동물보호 단체가 2012년까지 시장에서 판매가 가능한 시험관 고기 생산기술을 처음 개발한 사람에게 100만 달러의 상금을 주겠다고 발표하여 화제가 되었다. 시험관 고기는 반드시 실제 고기와 구별이 불가능할 정도로 진짜 같아야 한다는 단서 조항도 붙었다. 이 단체가 다소 엉뚱한 현상 공모를 한 까닭은 시험관 고기가 식탁에 오르게 되면 식용으로 사육되는 가축의 수가 줄어들게 되어 결국 온실효과 기체의 방출을 감소시킬 수 있다고 기대하기 때문이다.

고기가 지구온난화의 핵심 요인임은 이론의 여지가 없다. 2006년 유엔 식량농업기구(FAO) 보고서에 따르면 전 세계 가축이 지구 온실효과 기체 방출량의 18퍼센트를 내놓는다. 세계 전체 자동차, 기차, 비행기, 배에서 배출되는 온실효과 기체가 지구 전체 방출량의 13퍼센트이고 보면 가축의 방출량은 실로 엄청난 규모가 아닐 수 없다.

가축이 지구온난화에 영향을 미치는 요인은 산림 벌채와 가축 배설물로 크게 나뉜다. 1998년 미국 축산업자 하워드 리먼이 펴낸 『성난 카우보이Mad Cowboy』에는 소를 기르기 위한 공간을 만들기 위해 수풀을 제거하면 지구 기온에 이중의 타격이 된다는 대목이 나온다. 우선 나무가 사라지면 산소를 만들어 내기 위해 이산화탄소를 흡수할 수 없게 되고, 나무를 태우면 이산화탄소가 방출되기 때문이다. 가축이 온실효과를 일으키는 두 번째 요인은 소의 위장에서 방출되는 메탄가스이다. 메탄은 지구 기온을 올리는 효과가 이산화탄소의

21배나 된다. 소는 곡물과 목초를 소화시키는 과정에서 하루에 200리터의 메탄가스 방귀를 뀐다.

미국 시사 주간 『타임』 온라인판 9월 10일 자에 따르면 세계경제가 성장하면서 고기 소비량이 급증하고 있어 문제가 더욱 심각해지고 있다. 선진국과 후진국의 일인당 평균 고기 소비량은 3배 가까이 차이가 나지만 그 격차가 갈수록 좁혀지고 있다. 중국의 경우 돼지고기는 한때 잔칫날이나 먹던 음식이었지만 오늘날 서민들조차 끼니때마다 즐기게 되었다. 지난 1~4월 동안 중국의 돼지고기 수입량은 900퍼센트 늘어났다. 지구를 살리기 위해 일주일에 하루는 육식을 포기하라는 기후변화 전문가들의 목소리에 귀를 기울여야 하지 않을까. (2008년 9월 27일)

내 것이면 무조건 최고

사람들은 물건이건 사회적 지위이건 일단 무엇인가를 소유하고 나면 그것을 갖고 있지 않을 때보다 훨씬 높게 평가하는 성향이 있다. 1980년 미국 행동경제학자 리처드 탈러(세일러)는 사람들이 자신의 소유물을 과대평가하는 현상을 보유 효과(endowment effect)라고 명명했다. 탈러는 한 병에 5달러 주고 구매한 포도주가 50달러가 되었음에도 불구하고 팔려고 하지 않는 심리 상태를 보유 효과의 예로 들었다.

1984년 보유 효과의 존재는 실험을 통해 처음으로 확인되었다. 실험 참가자를 3개 집단으로 나누었다. 첫 번째 집단에게는 커피 머그(원통형 찻잔)를 주고 초콜릿과 교환하게 했다. 두 번째 집단에게는 첫 번째 집단과 거꾸로 초콜릿을 주면서 머그와 교환할 기회를 부여했다. 세 번째 집단은 머그와 초콜릿 중에서 자신이 선호하는 것을 고

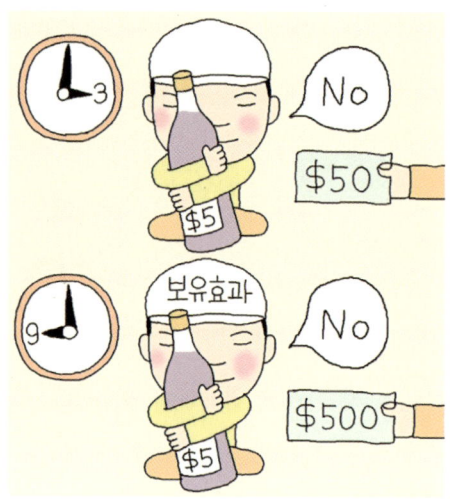

르도록 했다. 실험 결과 첫 번째 집단의 89퍼센트는 머그를 초콜릿과 교환하지 않았다. 두 번째 집단에서는 90퍼센트가 초콜릿을 머그와 바꾸지 않았다. 초콜릿보다 머그를 선택한 비율은 10퍼센트인 셈이다. 두 집단에서 머그를 선호하는 비율이 89퍼센트와 10퍼센트로 큰 격차를 나타낸 것은 보유 효과가 강력하게 작용한 결과라고 볼 수 있다. 세 번째 집단은 거의 50퍼센트의 비율로 머그와 초콜릿을 선택하여 보유 효과가 없는 상태에서는 물건에 대한 평가에 치우침이 없음을 보여 주었다.

보유 효과는 아끼는 물건에 대한 애착에서 비롯되는 것이 결코 아니며 단지 자신의 소유물을 남에게 넘기는 것을 손실로 여기는 심리 상태 때문에 발생하는 것으로 밝혀졌다. 2008년 미국 스탠퍼드대 심리학자 브라이언 넛슨은 『뉴런Neuron』 6월 12일 자에 발표한 논문에서 뇌 안에 손실을 회피하려는 부위가 존재하여 보유 효과가 나타나는 것이라고 설명했다. 넛슨은 24명의 남녀 뇌에서 전두엽에 자리 잡은 측위신경핵(nucleus accumbens) 등을 기능성 자기공명영상 장치로 들여다보는 실험을 실시하여 손실에 대한 두려움이 보유 효과의 핵심 요인임을 밝혀낸 것이다.

보유 효과는 인류와 조상이 같은 영장류에서도 나타난다는 연구 결과가 발표되었다. 2008년 미국 밴더빌트대 법률학자 오언 존스와 조지아 주립대 영장류 동물학자 사라 브로스넌은 『윌리엄과 메리 법률 개관William and Mary Law Review』 6월호에 침팬지에서 보유 효과가 관찰되었다는 논문을 실었다. 침팬지에게 땅콩버터와 주스를 제시하고 양자택일하게 했을 때 60퍼센트는 주스보다 땅콩버터를 골랐다. 그러나 땅콩버터를 갖도록 했을 때에는 80퍼센트가 주스와 교환하지 않고 그대로 소유했다. 요컨대 땅콩버터 선호 비율이 20퍼센트 높아진 것은 땅콩버터를 소유하게 된 순간 더 소중하게 생각했기 때문이라고 볼 수 있으므로 침팬지에게도 보유 효과가 나타난다고 주장했다.

보유 효과가 먼 옛날부터 진화된 속성이라면 신고전파 경제학의 기본 전제와 배치된다. 신고전파 경제학은 우리 모두가 호모 에코노미쿠스, 곧 경제적 인간이라는 전제에서 출발한다. 경제적 인간은 경제적 이익을 극대화하기 위해 합리적인 판단을 내리는 존재이다. 하지만 보유 효과는 인간이 비합리적 의사결정을 한다는 뜻이므로 경제적 인간 개념과 충돌할 수밖에 없는 것이다. (2008년 10월 4일)

이인식의 멋진과학 076

잘 놀라면 우파라고?

미국 대통령 선거를 앞두고 공화당과 민주당은 상대방 지지자를 설득하기 위해 전력투구하고 있지만 일부 학자들은 그러한 선거운동이 시간 낭비일지 모른다는 연구 결과를 내놓고 있다. 유권자의 정치적 입장이 대체로 태어날 때부터 뇌 안에 일찌감치 형성되어 있기 때문에 가령 보수주의자에게 진보적인 가치관을 갖도록 설득하는 것은 부질없는 헛수고가 될지 모른다는 것이다.

정치적 성향이 유전자에 의해 부분적으로 결정된다는 주장은 물론 새로운 것은 아니지만 근년 들어 이를 뒷받침하는 논문이 잇따라 발표되고 있다.

2005년 미국 라이스대 정치학자 존 앨퍼드는 『미국 정치학 평론(APSR)』에 쌍둥이 3만 명의 정치적 견해가 포함된 행동유전학 자료를 분석한 결과를 발표했다. 앨퍼드는 유전자 전부를 공유한 일란성 쌍둥이가 정치적 질문에 대해 유전자 절반을 공유한 이란성 쌍둥이보다 똑같은 답변을 더 많이 하는 것을 밝혀냈다. 예컨대 부동산 세금 문제에 대해 일란성 쌍둥이의 80퍼센트가 동일한 답변을 한 반면 이란성 쌍둥이는 3분의 2가 같은 대답을 했다.

2006년 미국 뉴욕대 심리학자 존 조스트는 계간지 『기초 및 응용 사회심리학Basic and Applied Social Psychology』 제4호에 생물학적 조건이 정치 성향에 영향을 미친다는 논문을 발표했다. 조스트는 2001년 9·11 테러 공격에서 생명의 위협을 느꼈던 생존자들을 대상으로 정치적 신조의 변화 여부를 조사했다. 실험 대상자들은 민주당원과 무소속마저 9·11 테러 이후 자유주의로부터 발을 빼고 보수주의로 전향한 것으로 나타났다. 테러로 정신적 충격을 받고 나서 폭력과 공포로부터 자신을 보호해야겠다는 심리적 욕구에서 비롯된 결과로 분석되었다. 보수주의로 돌아선 사람들은 테러를 군사적으로 보복하고 싶은 욕망, 종교와 애국심에 대한 새로운 관심 등이 복합적으로 작용해서 자유주의를 포기한 것으로 여겨진다.

사람이 공포에 질리면 정치적으로 우파가 될 가능성이 높다는 조스트의 연구 결과는 존 앨퍼드에 의해 재확인되었다. 2008년 『사이언스』 9월 19일 자에 발표한 논문에서 앨퍼드는 강력한 정치적 신념을 가진 보통 사람 46명을 대상으로 실험을 실시한 결과 위협을 느낄 때의 생리적 변화와 정치적 견해 사이에 관련성이 존재하는 것으로 나타났다고 밝혔다.

　실험은 두 가지로 진행되었다. 하나는 위협적인 그림, 가령 얼굴에 거미가 기어다니거나 선혈이 낭자한 사진을 연속적으로 보여 주고 피부에서 전류가 얼마나 쉽게 흐르는지를 측정했다. 다른 하나는 실험 대상자의 눈 아래 근육에 센서를 달아 놓고 갑자기 큰 소음이 들릴 때 얼마나 자주 눈을 깜박거리는지 기록했다. 첫 번째 실험에서 피부에 전류가 쉽게 전도되고 두 번째 실험에서 남보다 눈을 격렬하게 깜박거린 사람들, 다시 말해 겁을 잘 먹고 깜짝 놀라는 반응을 나타낸 사람들은 미국 보수주의 정책을 지지하는 것으로 나타났다. 이라크 전쟁, 군비 증강, 사형 제도를 지지한 반면에 동성 결혼, 임신 중절, 해외 원조에는 찬성하지 않았다. 한편 놀라는 반응이 느린 사람들은 자유주의 노선을 신봉했다. 여러분도 놀라는 정도에 따라 우파인지 좌파인지 가늠해 볼 수 있을 것 같다. (2008년 10월 11일)

이인식의 멋진과학 077
스토킹은 폭력이다

　인터넷 공간에서 특정 연예인을 상대로 집요하게 악성 댓글(악플)을 붙이는 행위는 스토킹(stalking)에 해당한다. 스토킹의 희생자가 된 연예인은 한둘이 아니다. 1980년 12월 비틀스의 존 레넌은 자택 근처에서 스토커의 총에 맞아 죽었으며, 최근 자살한 탤런트 최진실 씨는 악플에 시달렸던 것으로 알려졌다. 가수 마돈나, 배우 브래드 피트, 영화감독 스티븐 스필버그 말고도 스토킹을 당한 연예인은 부지기수이다.
　스토킹은 유명 인사만 과녁이 되는 게 아니다. 1998년 미국 국립사법연구원(NIJ)은 18세 이상 남녀 각각 8,000명을 상대로 최초의 스토킹 실태 조사를 하면서 스토킹은 '특정인에게 반복적으로 접근하거나 일방적으로 편지 또는 전화를 하거나 위협적인 행동을 해서 공포감을 불러일으키는 행위'라고 정의했다. '미국 사회의 스토킹Stalking in America'이란 제목으로 펴낸 보고서에 따르면 여자는 8퍼센트, 남자는 2퍼센트가 스토킹을 당한 적이 있어 여자 940만 명, 남자 230만 명이 피해를 본 것으로 추정되었다. 스토커는 대부분 피해자와 아는 사이였다. 여성 피해자의 23퍼센트, 남성 피해자의 36퍼센트만이 낯선 사람에 의해 스토킹을 당했다. 스토킹이 지속된 기간은 1년 정도가 3분의 2, 2~5년이 4분의 1, 5년 이상이 10분의 1로 나타났다. 스토킹 피해자의 20퍼센트가량은 스토커를 피해서 이사를 갔다.

  스토커들은 대부분 좌절을 겪은 적이 있고 직장도 잃고 가까운 이성 친구가 없는 사람들로 밝혀졌다. 2002~2005년 독일에서 처음 실시된 스토킹 연구에서 다름슈타트 기술대 심리학자 이사벨 본드락은 스토커 100명을 직접 면접하여 심리 상태를 분석했다. 무엇보다 스토커들은 현실감각이 결여된 것으로 나타났다. 스토커의 80퍼센트는 뜻을 이룰 수 없음에도 불구하고 중단할 의사가 없다고 답변했기 때문이다. 그들은 피해자와 함께해야 할 운명이라거나 사랑하는 사람을 돌보아야 할 의무가 있으므로 스토킹을 한다고 주장했다. 스토커들의 정서 상태는 정상적이지 않은 것으로 드러났다. 60퍼센트 이상이 우울증 따위로 시달렸으며, 3분의 1이 불안장애로 치료를 받고 있었다.

  2002~2004년 본드락은 스토킹 피해자 550여 명을 면접하고 그들이 오랫동안 정신적으로 고통 받은 것을 확인했다. 가령 전화 소

리가 울리면 곧잘 스토커를 떠올리며 불안감과 무력감을 느끼기 때문에 정상적인 생활을 영위하기가 쉽지 않았다. 그들의 3분의 2는 우울증, 불안 증세, 공황발작, 수면장애 따위로 시달렸으며 스토킹을 당한다는 스트레스 때문에 민감해지고 화를 잘 내며 공격적으로 바뀌었다. 25퍼센트는 자살을 시도했다고 털어놓았다. 이 연구 결과는 스토커가 특정인의 삶을 악랄하게 파괴할 수 있음을 보여 준 셈이다.

　미국과 독일의 스토킹 연구는 공통적으로 스토커들이 폭력을 행사하며, 스토커와 희생자가 긴밀한 관계일수록 폭력이 발생할 가능성이 높다는 결론을 내리고 있다. 스토킹이 폭력을 수반한다면 사회

적 문제가 아닐 수 없다. 스토킹 폭력으로부터 자신을 지키는 최선의 방법은 스토커에게 일절 반응을 나타내지 않는 것이라는 연구 결과가 나왔다. 연예인들은 스토커를 따돌리려면 인터넷 악플부터 철저히 무시해야 할 것 같다. (2008년 10월 18일)

이인식의 멋진과학 078
종교와 뇌의 관계를 밝혀라

인류가 종교를 믿는 까닭을 탐구하는 새로운 분야로 인지종교학 (cognitive science of religion)이 주목을 받고 있다. 인지심리학, 진화심리학, 인지인류학, 인지신경과학, 인공지능 등이 융합된 학문으로 사람의 마음이 어떻게 종교를 만들고, 믿고, 퍼뜨리는지를 연구한다.

인지종교학이라는 용어는 2000년부터 사용되었지만 1990년 영국 인지과학자 어니스트 토머스 로슨에 의해 창시된 것으로 간주된다. 인지종교학은 이론 정립 단계를 지나 실험 연구 단계로 들어섰다.

대표적인 사례는 2007년 9월부터 3개년 계획으로 시작된 '종교 설명하기'(Explaining Religion) 프로젝트이다. 엑스렐(EXREL)이라 불리는 이 연구의 비용은 유럽공동체가 전액 지원하며 유럽의 대학을 중심으로 심리학, 신경과학, 인류학, 경제학 전문가들이 대거 참여한다.

엑스렐의 목적은 그들의 표현을 빌리면 신앙심(religiosity)이 인간의 마음에 존재하게 된 메커니즘을 설명하는 데 있다. 엑스렐 프로젝트는 종교와 뇌의 관계를 밝히려고 시도한 여러 연구 성과의 연장선상에서 추진되는 것으로 알려졌다.

미국 보스턴 의대 패트릭 맥나마라는 파킨슨병 환자를 대상으로 신경전달물질인 도파민과 신앙심의 관련성을 연구한다. 파킨슨병은 도파민의 부족으로 일부 뇌세포가 사멸하면서 치매 증상을 나타내는 퇴행성 신경질환이다. 맥나마라는 파킨슨병 환자가 건강한 사람보다 신앙심이 낮은 것을 발견하고 도파민 수준이 신앙심에 미치는 영향을 분석하고 있다.

하와이대 신경과학자 니나 애자리는 뇌 영상 기술인 양전자 방출 단층촬영(PET) 장치로 종교적 체험에 관련된 뇌의 부위를 찾아냈다. 애자리는 기독교 신자들이 찬송가를 읊조릴 때 뇌의 활동을 측정하고 전두엽 피질의 일부 영역이 활성화되는 것을 확인했다. 이는 몇몇 신경과학자들의 연구 성과처럼 종교적 체험이 뇌의 일부 영역, 곧 측두엽이나 변연계 같은 특정 부위에 국한하지 않고 뇌의 여러 부위에서 발생하는 현상임을 밝혀낸 것으로 평가된다.

캐나다 브리티시컬럼비아대 심리학자 아짐 샤리프는 스승인 애라 노렌자얀과 함께 독재자 게임(dictator game)을 통해 종교가 인간의 이타적 행동에 미치는 영향을 연구했다. 생면부지인 두 사람이 참여하는 독재자 게임에서는 가령 갑에게 10달러를 주고 을에게 일정 금액을 나누어 주도록 한다. 특이한 것은 갑에게 독재자처럼 자기 마음대

로 을에게 나누어 줄 금액을 결정하는 권한을 부여하고 을에게는 갑의 처분에 무조건 따르게 한다. 갑은 을이 자신의 결정에 불만을 나타낼 처지가 아니므로 10달러를 독식하거나 가급적이면 적은 액수를 분배하려고 하기 마련이다. 따라서 독재자 게임은 사람의 이타적 행동을 분석하는 데 곧잘 활용된다.

샤리프는 독재자 게임 참가자들을 둘로 나누어 절반에게는 신, 영혼, 기적과 같은 종교적 어휘가 섞인 문장으로 종교를 떠올리게 한 뒤 게임을 다시 실시했다. 종교를 떠올린 절반은 10달러 중에서 평균 4.22달러를 상대에게 주었지만 나머지 절반은 1.84달러밖에 주지 않았다. 샤리프는 『사이언스』 10월 3일 자에 실린 논문에서 종교가 인간을 관대하게 만들어 협동심을 불러일으키므로 필요했던 것이라고 주장했다. (2008년 10월 25일)

이인식의 멋진과학 079

가십도 쓸모 있다

　월급쟁이들은 서넛이 모이면 직장 상사의 험담을 곧잘 늘어놓고, 동네 아줌마들은 한가한 시간에 영화배우의 뜬소문에 대해 열심히 입방아를 찧게 마련이다. 따라서 잡담, 남의 소문 이야기, 뒷공론을 뜻하는 가십(gossip)은 부정적인 어휘로 여겨지고 있다. 하지만 가십의 사회적 기능을 연구하는 심리학자들은 가십을 주고받는 행위가 반드시 나쁜 것만은 아니라는 주장을 잇따라 내놓고 있다.
　우리는 믿지 못하는 상대와는 은밀하고 민감한 남의 이야기를 주고받지 않는다. 비밀을 공유한 사람끼리는 정신적 유대감을 느끼는 게 인지상정이다. 이런 맥락에서 1996년 영국 리버풀대 진화심리학자 로빈 던바는 가십의 기원을 분석한 저서를 펴내고 가십은 집단의 결속을 다지는 기능을 가진 사회적 장치라고 주장했다.

한편 가십이 사회 지배 세력을 견제하는 수단으로 진화되었다는 이론도 나왔다. 1999년 미국 서던캘리포니아대 인류학자 크리스토퍼 보엠은 저서 『숲 속의 계급제도 Hierarchy in the Forest』에서 먼 옛날 인류의 조상이 수렵 채집 생활을 하던 시절에 남에게 군림하려는 사람들을 견제하는 수단으로 가십이 활용되었다고 설명하였다.

이를테면 사냥은 열심히 하지 않으면서 남보다 고기를 더 많이 먹으려는 사람들의 소문을 퍼뜨려 집단으로부터 따돌림을 당하게 할 수 있었다는 것이다. 가십을 통한 여론 조작으로 이기적인 무리들을 골탕 먹였다는 뜻이다. 보엠은 가십이 지배 세력의 형성을 억제하여 사회를 평등화시키는 수단으로 진화된 것이라는 결론을 내렸다.

2004년 미국 플로리다 주립대 심리학자 로이 바우마이스터는 한 걸음 더 나아가 『일반심리학 개관 Review of General Psychology』 6월호에 발표한 논문에서 가십이 사회집단의 규범과 가치를 구성원들에게 학습시키는 방법으로 활용되었다고 주장했다. 가령 사회적으로 일탈 행위를 일삼는 부류에 대한 소문을 퍼뜨려 다른 구성원들에게 교훈을 얻도록 했다는 뜻이다.

만일 가십이 집단이나 개인의 생존을 위해 필요한 정보를 얻는 방법으로 진화되었다는 이론을 받아들인다면, 보통 사람들에게 아무런 보탬이 되지 않는 유명 인사들의 추문 따위가 인구에 회자되는 까닭은 별도의 설명이 필요할 것 같다. 가십 연구의 선구자인 미국 델하우지대 인류학자 제롬 바코우에 따르면 현대사회에서 대중이 각종 매체를 통해 자주 접하게 되는 정치인, 연예인, 운동선수들은 보

통 사람들의 공통된 친지로 여겨지기 때문에 그들에 관한 소문은 지대한 관심사가 될 수밖에 없다는 것이다. 요컨대 대중은 유명 인사의 가십을 대화에 올리면서 낯선 사람들과 동질감을 느끼고 친밀한 사이가 된다는 것이다. 가십은 사회생활의 촉매라는 의미이다. 특히 청소년들은 인기인들을 성공의 본보기로 삼을 정도이므로 그들의 일거수일투족은 가십의 단골 주제가 된다. 2007년 영국 레이세스터대 심리학자 샬롯 드 배커는 『인간 본성Human Nature』 12월호에 실린 논문에서 10대 청소년들은 유명 인사의 가십을 인생 진로 결정에 참조한다고 주장했다.

　가십 전문가들의 공통된 의견은 가십을 잘만 활용하면 사회생활에 보탬이 된다는 것이다. 미국 사회심리학자 프랭크 맥앤드류는 『사이언티픽 아메리칸 마인드』 10~11월호 커버스토리에서 가십은 독이 되기 쉽지만 약이 될 수도 있다고 강조했다. (2008년 11월 1일)

이인식의 멋진과학 080
뇌가 바뀌고 있다

　미국의 미래학자 존 나이스비트는 『하이테크 하이터치High Tech High Touch』(1999)에서 "미국은 기술 덕분에 편안한 나라에서 기술 없이는 살 수 없는 기술 중독 지대로 바뀌어 가고 있다."고 지적하고 "기술이 안겨 준 안락함에 감격하여, 기술 제품의 편리함에 매료되어, 기술의 힘과 속도에 압도되어, 미국인들은 끝없이 기술에 의존하며 서서히 기술이라는 마약에 취해 가고 있다."고 개탄했다.

　첨단 기술은 삶의 방식을 바꾸는 데 머물지 않고 뇌의 구조와 기능에까지 막대한 영향을 미치는 것으로 밝혀졌다. 지난 10월 중순 출간된 『디지털 시대의 뇌iBrain』에서 캘리포니아대 신경과학자 게리 스몰은 디지털 기술이 미국인들의 뇌를 변화시키고 있다고 주장했다. 스몰은 디지털 기술에 노출된 정도에 따라 미국인을 '디지털 원주민'(digital native)과 '디지털 이주자'(digital immigrant)로 나누었다. 디지털 원주민은 컴퓨터, 인터넷, 휴대전화가 없는 세상을 상상조차 못하는 10~20대들이며, 디지털 이주자는 성인이 되어 이런 기술을 접하게 된 어버이 세대들이다. 스몰은 디지털 기술이 뇌의 신경회로에 미치는 영향을 알아보기 위해 기능성 자기공명영상 장치로 뇌를 들여다보는 실험을 했다. 50대 중반 중에서 인터넷을 활용하는 사람들과 컴퓨터 사용 경험이 없는 사람들에게 각각 인터넷 검색을 하도록 한 뒤에 뇌의 활동을 분석했다. 인터넷을 즐겨 사용해 본 사람들의 뇌는 DLPFC(dorsolateral prefrontal cortex)라고 불리는 부위가 활성화되었다. DLPFC는 의사결정과 복잡한 정보 통합에 간여한다. 한편 인터넷을

잘 모르는 사람의 뇌에서는 DLPFC의 반응이 미미했다. 그러나 이들에게 5일 동안 인터넷 교육을 시킨 뒤에 DLPFC가 활성화되는 것으로 밝혀졌다. 인터넷을 사용하는 동안 뇌의 신경회로가 재구성된 결과라고 할 수 있다. 이를 근거로 스몰은 디지털 원주민과 디지털 이주자의 뇌는 다르게 형성될 수밖에 없으며 결국 생각하고 느끼는 방법이 서로 다른 것이라고 설명했다.

오늘날 디지털 기술은 디지털 원주민이건 디지털 이주자이건 모든 사람의 뇌에 작용해서 '지속적 부분 주의'(continuous partial attention) 상태로 몰아넣고 있다. 한 가지 일에 제대로 주의를 집중시키지 못하면서 모든 일에 관심을 갖는 상태를 말한다. 인터넷으로 정보를 검색하면서 휴대전화로 친구와 잡담을 나누는 것처럼 한꺼번에 여러 가지 일을 건성으로 처리하는 사람은 지속적 부분 주의 상태라고 할 수 있다. 이런 사람들의 뇌는 스트레스가 높아져서 심사숙고하지 못하고 끊임없는 위기감에서 벗어나지 못한다. 몇 시간 동안 쉬지 않고 인터넷에 매달린 사람들은 얼이 나간 듯한 표정에 초조해하며 짜증을 곧잘 낸다. 스몰은 이러한 정신 상태를 '기술적 뇌 소모'(techno-brain burnout)라고 명명하고 미국 사회에서 유행병처럼 많은 사람들에게 나타나고 있다고 우려했다.

특히 청소년의 뇌가 디지털 기술에 의해 새롭게 형성됨에 따라 사람들과 어울리고 의사소통하는 전통적 방식에 관련된 신경회로가 그들의 뇌 안에서 사라지지 않게끔 환경을 조성하는 일이 사회적 과제로 부상하고 있다. (2008년 11월 8일)

이인식의 멋진과학 081

좌파가 선거에서 승리하려면

지난 4일 미국 대선과 연방 상하원 선거에서 모두 민주당이 압승함에 따라 1980년 이후 28년 동안 미국 사회의 주류 세력으로 군림했던 보수주의가 퇴조하고 진보주의 시대가 열리게 되었다.

미국 좌파의 득세를 보고 가장 기뻐할 사람의 하나로 캘리포니아대의 조지 레이코프를 떠올릴 법도 하다. 인지언어학의 창시자로 자리매김된 레이코프는 자신의 언어 이론을 정치학에 적용하여 진보세력이 패배한 이유를 분석한 책을 내놓았었기 때문이다. 1996년 인지과학을 정치학에 접목시킨 최초의 저서로 평가되는 『도덕의 정치 Moral Politics』를 펴냈다. 부제는 '자유주의자는 모르지만 보수주의자는 알고 있는 것'이다. 이 책에서 레이코프는 국가를 가족에 빗대어 정치 이데올로기를 두 모델로 나누었다. '엄격한 아버지 가족'(strict father family) 모델과 '자상한 부모 가족'(nurturing parents family) 모델이다.

레이코프에 따르면 보수주의는 권위에 복종을 요구하는 엄격한 아버지 모델을 통해, 진보주의는 서로 돌보는 마음을 최고의 가치로 여기는 자상한 부모 모델을 통해 이해할 수 있다. 미국인의 뇌 안에는 두 가지 모델이 공존하고 있으며 정치인들이 사용하는 언어에 의해 어느 한 모델이 작동하게 된다. 요컨대 정치적 쟁점을 대중의 가슴에 와 닿는 쉬운 용어로 프레임(틀)을 짜서 접근하는 쪽이 유권자의 표심을 사로잡을 수 있다는 것이다.

2002년 5월 『도덕의 정치』 제2판을 펴낸 것을 계기로 레이코프는 미국 전역을 순회하며 민주당 지도자와 지지자에게 자신의 이론을 설파했다. 2004년 9월에는 『도덕의 정치』에 소개한 자신의 이론을 민주당 활동가들이 쉽게 이해할 수 있게끔 간추린 책을 출간했다.

민주당 안에서 거의 마오쩌둥 어록에 비견될 만큼 널리 읽혔다는 『코끼리는 생각하지 마*Don't Think of An Elephant*』이다. 이 책에서 레이코프는 "프레임이란 우리가 세상을 바라보는 방식을 형성하는 정신적 구조물이다. 정치에서 프레임은 사회정책과 그 정책을 수행하고자 수립하는 제도를 형성한다. 프레임을 바꾸는 것은 이 모두를 바꾸는 것이다. 그러므로 프레임을 재구성하는 것이 바로 사회적 변화이다."라고 갈파했다. 하지만 2004년 11월 대선에서 민주당은 패배했다. 공화당이 프레임을 구성하여 유권자를 설득하는 솜씨가 민주당을 능가했기 때문이다. 레이코프의 표현을 빌리면 보수주의자들은 사람 뇌와 마음의 관계를 숙지한 신경과학 전문가들이었으므로 백악관을

차지하게 된 것이다.

  2008년 5월 레이코프는 『정치적 마음 The Political Mind』이라는 책을 펴냈다. 부제는 '왜 당신은 18세기 뇌로 21세기 미국 정치를 이해할 수 없는가'이다. 18세기 계몽주의는 인간을 합리적인 존재라고 가정한다. 하지만 사람이 항상 이성적으로 행동하는 것은 아니다. 이를테면 사람의 정치적 마음은 감정의 지배도 받는다. 따라서 유권자들이 합리적으로 어떤 결론에 이르리라는 계산으로 선거 전략을 짜면 백전백패한다는 것이다. 레이코프는 진보 세력이 선거에서 이기려면 정서에 호소할 것을 주문했다. 민주당의 압승을 지켜보며 그는 얼마나 감개무량했을까. (2008년 11월 15일)

이인식의 멋진과학 082
유령은 왜 나타날까

죽은 사람의 혼령을 목격했다는 사람은 한둘이 아니다. 1980년대에 미국 시카고대가 실시한 조사에 따르면 성인의 42퍼센트가 영상(78퍼센트), 소리(50퍼센트), 촉감(21퍼센트), 대화(18퍼센트) 등으로 유령을 경험한 것으로 나타났다. 특히 죽은 사람이 살았던 집이나 불행을 당한 곳에서 유령이 자주 출몰한다고 알려졌다. 이러한 현상은 '헌팅(haunting)'이라 불린다. 헌팅을 연구하는 사람들은 귀신이 나왔다는 집이나 으슥한 공동묘지를 찾아다니며 물증을 확보하려고 한다. 귀신 사냥꾼으로 소문난 영국의 해리 프라이스(1881~1948)는 30여 년간 도깨비집을 연구했는데, 녹음기, 사진기, 온도계, 지문 채취 장치, 망원경 따위의 장비를 갖추고 유령의 출몰 현장을 포착하려고 했다. 물론 성과는 없었다.

유령의 존재를 믿건 믿지 않건 대부분의 학자들은 유령을 정신적 환각이라고 설명한다. 환각은 대응하는 자극이 외부에 없음에도 사막의 신기루처럼 그것을 실재하는 것으로 지각하는 심리적 상태이다. 이러한 환각이 뇌 안에서 발생하는 이유를 놓고 다양한 이론이 제시되었다. 가령 캐나다 로렌션대 신경과학자 마이클 퍼싱어는 전자기장(EMF) 또는 초저주파 불가청음(infrasound)이 뇌에 영향을 미치기 때문에 유령을 감지하게 된다고 주장했다. 전자기장은 송전선, 시계(타이머)가 있는 라디오 또는 전기 시계에 의해 방출된다. 퍼싱어는 1996년 성령이 밤에 자신을 찾아왔다고 주장하는 17살 소녀를 연구했다. 그 소녀는 태어날 때 뇌에 가벼운 손상을 입었던 것으로 밝혀졌다. 퍼싱어는 그 소녀가 잠들 때 그녀의 머리를 눕히는 곳으로부터 25센티미터가량 떨어진 자리에 전기 시계가 놓여 있는 사실에 주목했다. 실험 결과, 그 시계에서 사람이나 쥐의 뇌 안에서 간질 발작을 유발하는 것으로 알려진 주파수와 비슷한 전자기파가 발생하는 것으로 확인되었다. 2001년 『지각 및 운동 기능 Perceptual and Motor Skill』에 발표한 논문에서 퍼싱어는 그 시계에서 나온 전자기장이 소녀가 어릴 적에 입은 뇌 손상과 함께 빌미가 되어 밤에 성령이 찾아왔다고 착각하게 된 것이라는 결론을 내렸다.

퍼싱어의 전자기장 이론은 영국 런던 칼리지 심리학자 크리스토퍼 프렌치에 의해 타당성이 희박하다는 비판을 받았다. 2004년 프렌치는 런던의 아파트 안에 전자기장과 초저주파 불가청음을 방출하는 장비를 설치했다. 이를테면 유령이 출몰하는 도깨비집을 꾸민 셈이

다. 79명을 초대하여 서늘하고 어둑한 공간에 한참 동안 머물게 했다. 연구진은 방의 벽 뒤에 숨겨 둔 장치에서 전자기장과 함께 사람이 들을 수 없는 주파수의 소리를 발생시켰다. 실험 참가자 대부분은 약간 기묘한 느낌을 가졌다고 말했지만 전자기장 이론을 뒷받침할 만한 증거로는 불충분했다. 프렌치는 영국에서 유령이 나타난 적이 있는 것으로 알려진 가옥을 여러 채 찾아다녔지만 퍼싱어의 전자기장 이론을 입증하지 못했다. 2008년 프렌치는 『피질Cortex』 11월호에 전자기장 이론은 근거가 없다는 논문을 발표했다.

헌팅 연구는 부질없어 보인다. 하지만 환각의 수수께끼를 푸는 계기가 될 수 있으니 시간 낭비는 아닌 것으로 여겨진다. (2008년 11월 22일)

이인식의 멋진과학 083
2025년의 핵심 기술

 지난 20일 미국 국가정보위원회(NIC)가 발표한 「2025년 세계적 추세Global Trends 2025」 보고서는 지구촌의 권력 판도가 크게 바뀔 것이라고 예측했다. 미국은 냉전 종식 이후 누려 왔던 독점적 패권을 상실한다. 중국은 세계 2위의 경제 대국으로 부상하여 인도, 브라질, 러시아와 함께 미국과 동등한 지분으로 다극화 체제를 형성한다.
 최근 국가정보위원회는 2025년 미국 국가 경쟁력에 파급효과가 막대할 기술을 선정하여 「현상 파괴적 민간 기술Disruptive Civil Technologies」이라는 보고서를 내놓았다. 기존의 기술을 일거에 몰아내고 시장을 지배하는 새로운 기술을 현상 파괴적 기술이라 한다. 금속인쇄술, 증기기관, 자동차, 전화, 나일론, 컴퓨터, 인터넷처럼 세상을 혁

명적으로 바꾼 기술들은 본질적으로 현상 파괴적 기술에 해당한다.

2025년 미국의 현상 파괴적 민간 기술로 선정된 것은 여섯 가지이다.

첫째, 생물 노화 기술은 인간의 생물학적 노화 과정을 연구하여 평균수명을 연장하고 노인의 건강한 삶을 보장한다.

둘째, 에너지 저장 소재는 다양한 형태의 에너지를 축적할 수 있는 소재와 관련 기술을 포괄하는 개념이다. 특히 수소 저장 소재 기술이 획기적으로 발전하여 미국 경제구조를 화석연료 중심 패러다임에서 수소 기반 경제로 바꾸어 놓는다.

셋째, 생물연료 및 생물 기반 화학은 동식물로부터 연료를 추출해 내는 기술이다. 생물연료는 화석연료의 유력한 대안의 하나로서 석유 수급의 불확실성에 대처하고 지구온난화 문제를 해결하는 일거양득의 효과가 기대된다.

넷째, 청정 석탄 기술은 석유나 천연가스보다 이산화탄소 발생량이 훨씬 많은 석탄을 환경 친화적인 연료로 활용하는 기술이다. 미국, 중국, 인도, 러시아 같은 4개국 석탄 매장량은 전 세계의 67퍼센트를 차지하는데, 이를 활용하면 석유 기반 경제를 100~200년 더 연장할 수 있을 것으로 전망된다.

다섯째, 서비스 로봇은 일상생활에서 사람과 공존하며, 사람을 도와주거나 사람의 능력을 십분 활용하는 데 도구로 이용되는 로봇, 곧 개인용 로봇이다. 2020년경부터 서비스 로봇이 미국 가정에 필수적인 존재가 되는 1가구 1로봇 시대가 개막된다.

끝으로 만물의 인터넷(Internet of Things)은 지구가 전자 피부로 뒤덮인다는 개념의 기술이다. 전자 피부는 원격측정(telemetry) 기능을 가진 장치, 예컨대 온도, 압력 또는 공기오염을 측정하는 기기, 카메라, 마이크로폰 따위로 구성된다. 이러한 장치들은 사람, 도시, 고속도로, 선박, 자연환경을 끊임없이 관찰하고 감시한다.

이러한 원격측정 시스템은 하나의 네트워크를 형성하여 지구의 피부 또는 신경계의 역할을 한다. 전자 피부의 세포들이 원격 감지한 정보를 처리하고 소통시키는 뼈대는 인터넷이다. 다시 말해 2025년에 만물의 인터넷(IoT)에 연결된 수많은 원격측정 장치들이 신경세포처럼 작용하여 인간 생활의 거의 모든 부문을 원격 감시 및 제어한다. 따라서 미국 사회는 만물의 인터넷에 의해 혁명적 변화를 초래하게 된다.

2025년 미국의 현상 파괴적 기술 여섯 가지에 에너지 및 환경 분야가 절반인 3개 포함된 점에 주목할 필요가 있겠다. (2008년 11월 29일)

이인식의 멋진과학 084

생사가 달린 화장실

지난 11월 19일은 2001년 세계화장실기구(WTO)가 설립된 날을 기념하기 위해 제정된 '세계화장실의날'이다. 53개국의 151개 단체가 회원으로 가입한 세계화장실기구는 화장실의 위생 문제를 중점적으로 다룬다.

사람에게 밥 먹고 똥 싸는 일보다 더 중요한 일은 없다. 살아간다는 것은 밥을 먹고 그 밥을 똥으로 만들어 배설하는 과정이라고 표현한다고 해도 지나칠 것은 없다. 그러나 똥과 오줌은 아무짝에도 쓸모없는 더러운 쓰레기 취급을 받는다. 따라서 많은 사람들은 화장실의 변기에 앉아 일을 보고 물을 내리고 나면 배설한 사실 자체를 잊고 싶어 한다.

수세식 화장실은 분뇨 처리에 엄청난 양의 물을 낭비한다. 수세식 변기의 1회 물 소비량은 8~15리터이다. 하루에 다섯 번 정도 사용한다면 한 사람이 50리터는 소비한다. 수세식 화장실의 물 낭비는 지구촌의 심각한 물 부족 사태를 부채질하는 주범임에 틀림없다.

게다가 수세식으로 버려진 분뇨는 수질오염의 빌미가 된다. 분뇨는 정화조에 들어가 희석된 뒤 하천으로 흘러가는데, 이 희석수에는 대장균이 득실거리기 때문이다. 하수관으로 흘러든 희석수로 말미암아 도시의 하수가 온통 병원균의 온상이 되기도 한다.

하지만 수세식 변기의 환경오염은 지구촌 전체의 화장실 문제에 비추어 볼 때 오히려 비중이 큰 쟁점이 아닌 것으로 드러났다. 지난 9월 영국 언론인 로즈 조지가 펴낸 『중요한 필수품 The Big Necessity』은 집안의 수세식 화장실은커녕 집 밖에 공중변소조차 갖지 못한 사람이 세계 인구의 40퍼센트인 26억 명에 달한다는 충격적인 사실을 털어놓았다. 남아메리카, 아프리카, 아시아에서 화장실이 없는 사람들은 아무 데서나 배변을 하므로 음식과 식수를 오염시키는 것으로 나타났다.

이 책에서 조지는 세계 질병의 80퍼센트가 이러한 배설물에서 비롯된다고 주장했다. 대변 덩어리는 평균 250그램이다. 똥 1그램에는 바이러스 1000만 개, 박테리아 100만 개, 기생충 알 100개가 들어 있다. 위생 상태가 좋지 않은 26억 명은 하루에 10그램의 배변을 섭취하는 것으로 추정된다.

그 결과 설사를 하게 된다. 설사는 서구에서 단순한 고통으로 여겨지지만 후진국에서는 해마다 220만 명의 목숨을 앗아 가는 질병이다. 이는 에이즈, 결핵, 말라리아로 사망하는 사람들의 숫자를 상회하는 것이다. 말하자면 26억 명의 후진국 사람들에게 화장실은 위생의 차원을 넘어 생사가 걸린 문제인 것으로 밝혀진 셈이다. 한마디로 똥이나 오줌을 배설하는 시설 자체가 잘사는 나라의 사람들만이 누릴 수 있는 특권이 되어 있다.

조지는 일본에서 개발되는 로봇 화장실에 대한 언급을 빠뜨리지 않았다. 배변하는 일본인의 엉덩이를 씻어 주기 위해 로봇 변기에서 물이 나오는 각도를 정확히 맞추려고 노력하는 연구진들이 소개되어 있다. 화장실 문화의 이모저모도 눈길을 끈다. 가령 오줌을 눌 때 독

일 남성은 앉아서 일을 보려고 하는 반면에 스웨덴 여성은 일어서려고 한다. 미국인은 남녀 모두 하루에 평균 57장의 화장지를 사용한다. 하지만 미국 남자 대부분은 속옷에 대변 찌꺼기를 묻힌다는 것. 로즈 조지는 여성이다. (2008년 12월 6일)

이인식의 멋진과학 085

섹스에 대한 개인차

사람마다 섹스에 관심을 갖는 정도가 다르다. 어떤 남자는 바람둥이로 악명이 높은가 하면 어떤 여자는 열녀문이 설 정도로 정조를 목숨보다 소중히 여긴다. 이처럼 성에 접근하는 태도가 천차만별이므로 개인적 차이를 수치로 나타내지 못할 것도 없다. 1991년 진화심리학자들은 '사회적 성'(sociosexuality)이라는 개념을 제안했다. 개인이 성적으로 구속받지 않고 행동에 옮기는 정도를 수치로 표현한 것을 사회적 성이라고 한다. 개인의 성적 태도를 측정하기 위해 7개 항목의 질문을 하고 점수를 매긴다. 가령 ▲얼마나 많은 상대와 성행위를 하는가 ▲사랑 없는 섹스도 좋은가 ▲우연히 만난 여러 상대와 성관계를 즐기는 자신을 상상할 수 있는가 따위의 질문이다. 사회적 성 측정 결과 섹스 상대가 많은 사람일수록 사랑이나 책임감과는 거리가 멀고 물질적으로 인색한 것으로 드러났다.

개인마다 성적 태도가 다른 이유는 복합적인 것으로 밝혀졌다. 사회의 문화, 개인의 성격, 가정환경, 외모 등이 사회적 성에 영향을 미치는 요인으로 여겨진다. 문화적 요인으로는 남자와 여자의 구성 비율, 곧 성비가 가장 크게 영향을 미친다. 2005년 미국 브래들리대 심리학자 데이비드 슈미트는 격월간 『행동 및 뇌 과학Behavioral and Brain Sciences』 4월호에 48개 나라의 성 문화를 연구한 결과 한국, 일본, 중국처럼 남자가 여자보다 인구가 많은 나라에서는 혼외정사가 비교적 적은 것으로 확인되었다는 논문을 발표했다.

성격도 무시 못할 요인이다. 영국 뉴캐슬대 심리학자 대니얼 네틀에 따르면 성적으로 방종한 사내들은 외향성이 두드러진 반면에 정

서적으로 안정성은 낮은 편이다. 여자들도 엇비슷하다.

개인의 사회적 성은 어린 시절 가정환경의 영향을 받는다는 연구 결과도 나왔다. 영국 버크벡 칼리지 발달심리학자 제이 벨스키에 따르면 아버지가 없거나 부모가 곧잘 다투는 가정에서 성장한 아이들, 특히 여자일 경우 사춘기가 빨리 오고 15살쯤 되면 제멋대로 성관계를 맺을 가능성이 매우 높다.

외모가 사회적 성에 미치는 영향도 상당한 것으로 밝혀졌다. 2008년 영국 더햄대 심리학자 린다 부스로이드는 격월간 『진화와 인간행동(EHB)』 5월호에 발표한 연구 결과에서 대부분의 남녀가 단지 상대 얼굴의 사진만을 보고서도 그가 오래 사귈 만한 사람인지 아니면 불장난 같은 성관계에 더 집착하는 사람인지 판별할 수 있다고 주장했다. 부스로이드는 좀 더 남자다워 보이는 얼굴의 남자와 좀 더 매력적인 용모의 여자가 사회적 성 평가에서 높은 점수를 획득했다고 보고했다. 말하자면 잘생긴 남녀가 바람기가 많아 여러 상대와의 성관계에 관심이 많다는 뜻이다.

여성의 외모 못지않게 여성의 사회적 지위도 사회적 성과 긴밀한 관계가 있다는 주장도 제기되었다. 이를테면 스칸디나비아 나라들에서처럼 남녀가 사회적으로 동등해짐에 따라 여자들이 자신의 성적 선호를 자유롭게 표출하게 되어 남녀 모두 대등하게 섹스를 즐기게 되었다는 것이다. 하지만 여자는 임신을 하고 자식을 양육해야 하는 존재이기 때문에 남자와 똑같이 성적으로 자유로울 수 없다는 반론도 만만치 않다. (2008년 12월 13일)

이인식의 멋진과학 086

친구, 왜 중요할까

　네티즌 사이에 입소문이 나지 않으면 베스트셀러가 될 수 없다고 여기는 출판업자들이 적지 않다. 한때 너도나도 벤처기업 주식을 샀다가 거품이 빠지면서 손해를 보기도 했다. 입소문이나 투기 바람이 번져 나가는 것처럼 사람의 생각과 행동은 마음에서 마음으로 전염된다. 인간의 사회적 행동이 바이러스처럼 퍼지는 현상을 설명하려는 학자들의 연구 성과는 괄목할 만하다.
　2007년 하버드대 사회학자 니콜라스 크리스태키스와 캘리포니아대 정치학자 제임스 파울러는 『뉴잉글랜드 의학 저널(NEJM)』 7월 26일 자에 발표한 논문에서 사람의 체중은 단순히 개인적인 요인으로 불어나는 게 아니라 주변 사람의 영향을 받는다고 주장했다. 이를테면 비만은 개인의 유전적 성향이나 생활 습관 못지않게 가까운 친구에 의해 감염되는 질병이라는 것이다.

크리스태키스와 파울러는 1971년부터 2003년까지 32년간 심장질환 연구에 참여한 1만 2,000명을 대상으로 그들의 사회적 연결망(네트워크) 안에서 비만이 발생하는 현상을 분석했다. 배우자가 살이 찌면 비만이 될 확률은 37퍼센트 증가했다. 비만인 친구가 있으면 뚱뚱보가 될 가능성은 57퍼센트나 더 컸다. 두 사람이 서로 가까운 친구라고 인정할 경우에는 한 친구가 살이 찌면 다른 친구가 비만이 될 가능성은 171퍼센트로 3배나 더 높게 나타났다. 친구가 배우자보다 비만에 더 많은 영향을 끼치는 것으로 나타남에 따라 비만은 사회적 네트워크를 통해 전염되는 질병으로 간주되었다.

2008년 크리스태키스와 파울러는 두 번째 연구 결과를 『뉴잉글랜드 의학 저널』 5월 22일 자에 발표했다. 1만 2,000명의 사회적 네트워크 안에서 담배를 피우는 습관을 분석한 결과였다. 흡연 습관 역시 친구의 영향을 받는 것으로 나타났는데, 친구가 담배를 태우면 흡연 가능성은 61퍼센트 더 컸으며 친구의 친구가 담배를 피우면 흡연 확률은 29퍼센트 더 높았다. 흡연 습관이 친구뿐만 아니라 얼굴도 모르는 친구의 친구에 의해 영향을 받는 것으로 밝혀진 셈이다. 이 연구 결과에 따르면 금연 운동은 개인 못지않게 그들이 다니는 학교나 기업 등 사회적 네트워크를 겨냥해서 추진되어야 실효를 거둘 것 같다.

2008년 두 사람은 세 번째 연구 결과를 『영국 의학 저널British Medical Journal』 온라인판 12월 4일 자에 발표했다. 1983년부터 2003년까지 20년간 심장질환 연구에 참여한 4,700명의 반려자, 친척, 친

구, 이웃, 직장 동료 등 5만 개의 사회적 연결망 안에서 행복이 퍼져 나가는 현상을 연구한 결과였다. 한 사람이 행복하면 3단계 떨어진 사람에게까지 영향을 미치는 것으로 밝혀졌다. 한 사람이 행복하면 그 친구(1)의 친구(2)의 친구(3)까지 행복감을 느끼게 된다는 뜻이다.

예컨대 당신이 행복하면 얼굴도 모르는 사이인 당신 친구의 후배의 여자 친구까지 즐겁게 할 수 있다는 것이다. 연구 결과에 따르면 당신이 행복하면 친구는 25퍼센트, 친구의 친구는 10퍼센트, 친구의 친구의 친구는 5.6퍼센트 행복감을 더 느낀다. 행복은 단순한 개인 정서가 아니라 집단적 현상이며, 전염성이 강력한 것으로 밝혀진 셈이다. 비만, 흡연, 행복이 감염된다는 연구 결과는 친구의 중요성을 새삼스럽게 일깨워 준다. (2008년 12월 20일)

이인식의 멋진과학 087

갈릴레이와 다윈의 해

 2009년 한 해 동안 전 세계적으로 두 명의 과학자를 기리는 행사가 경쟁적으로 개최될 것임에 틀림없다. 후세 과학자들에 의해 대중의 주목을 받는 무대에 이끌려 나오게 될 인물은 갈릴레오 갈릴레이와 찰스 다윈이다.
 현대 과학의 시조로 불리는 갈릴레이(1564~1642)는 우주의 비밀을 발견한 이탈리아의 천문학자이다. 1609년 그가 직접 만든 망원경으로 하늘을 관찰하여 처음으로 태양의 흑점을 발견하고 달 표면에서 산맥을 찾아냈으며, 은하수가 엄청나게 많은 별들의 집단임을 밝혀냈다. 1610년 갈릴레이는 이러한 성과를 집대성한 소책자를 펴냈다. 그는 그 책에서 니콜라우스 코페르니쿠스(1473~1543)의 태양중심설

이 명백한 사실임을 입증했다. 태양이 아니라 지구가 돈다는 코페르니쿠스의 지동설은 무려 1,500년 동안 받아들여졌던 천동설을 부정했으므로 가톨릭의 격렬한 저항을 받았다. 1616년 로마 교황청의 종교재판소는 코페르니쿠스의 태양중심설은 신앙의 측면에서 이단이라고 판결한다.

갈릴레이는 코페르니쿠스의 학설을 지지한 대가를 톡톡히 치른다. 1633년 종교재판소는 예순아홉 살의 늙은이였지만 세계적 명성을 지닌 갈릴레이를 로마로 소환한다. 그해 6월 22일 그는 마침내 종교재판에서 지동설이 오류임을 자인하고 구차하게 목숨을 구걸하여 진리의 횃불로 여겨진 과학의 전통을 더럽혔다는 오명을 뒤집어썼다. 하지만 1609년 갈릴레이가 망원경을 처음 사용한 업적을 기리기 위해 400주년 되는 2009년을 '국제 천문학의 해'로 제정하여 각종 기념행사들이 열릴 계획이다.

한편 진화생물학의 창시자인 다윈(1809~1882)은 진화론을 주창한 영국의 박물학자이다. 젊은 시절 배를 타고 세계 곳곳을 돌아다니면서 생물을 관찰한 다윈은 진화의 원동력이 자연선택이라는 결론을 얻었다. 자연선택은 인류의 과학사에서 어느 누구도 제기한 적이 없는 완전히 새로운 개념이었다. 자연선택 이론은 1859년 다윈이 펴낸 『종의 기원』의 핵심이자 진화 이론의 기본이 되었다. 다윈의 진화론은 하나의 생물학 이론에 불과했으나 19세기 유럽 사회에 미친 영향은 엄청났다. 다윈의 진화론은 자연에 있어 인류의 지위를 만물의 영장에서 하나의 동물로 격하시켰기 때문이다.

　태양중심설이 지구의 지위를 우주의 중심에서 일개 떠돌이별로 추락시킨 것처럼 진화론은 인간이 자연의 일부분에 불과한 존재일 따름이라고 주장했기 때문에 종교에 미친 파장은 엄청난 것이었다. 결국 진화론은 기독교의 창조론을 뿌리째 흔들어 놓게 된다. 그러나 창조론자들은 다양한 방법으로 오늘날까지 진화론을 공격하고 있다. 2009년은 다윈 탄생 200년, 『종의 기원』 출간 150년이 되는 해이다. 그의 생일인 2월 12일부터 세계 각국에서 다양한 학술대회와 행사가 열릴 전망이다.
　2009년에 갈릴레이와 다윈의 업적이 동시에 대중적 관심사가 됨에 따라 호사가들은 두 사람 중 누가 더 인류에게 영향을 미쳤는지 궁금해하는 것 같다. 영국 주간지 『뉴 사이언티스트』 12월 20일 자는 다윈의 손을 들어 주었다. 갈릴레이는 망원경으로 코페르니쿠스의 이론을 입증했을 뿐이지만 다윈은 독창적인 학설을 내놓았다는 게 그 이유이다. (2008년 12월 29일)

찾아보기-인명

가버-애프가 Christine Garver-Apgar 102
갈릴레이 Galileo Galilei 274, 348~351
갤럽 Gordon Gallup 196~197
거셴펠드 Neil Gershenfeld 183~184
게슈빈트 Norman Geschwind 163
게어 Glenn Geher 215~216
게이츠 Bill Gates 111
고메즈-피닐라 Fernando Gómez-Pinilla 285~287
골드슈타인 Jill Goldstein 248
골턴 Francis Galton 277~278
귄튀르퀸 Onur Güntürkün 195~196
그레이 John Gray 187
그린 Joshua Greene 204
그린 Melanie Green 296
그린버그 Jeff Greenberg 200
글래드웰 Malcolm Gladwell 96~97
기드 Jay Giedd 76
길버트 Daniel Gilbert 201, 234
김현 295

나이스비트 John Naisbitt 325
넛슨 Brian Knutson 310~311
네리에르 Jean-Paul Nerrière 229
네틀 Daniel Nettle 220~222, 343~344
넬슨 Kevin Nelson 141~142
노렌자얀 Ara Norenzayan 320~321
뉴버그 Andrew Newberg 164
니체 Friedrich Nietzsche 278

다마지오 Antonio Damasio 37
다윈 Charles Darwin 53, 57, 148, 197, 348~351
다이아몬드 Jared Diamond 30

더가 Jane Durga 284
던바 Robin Dunbar 297, 322
데닛 Daniel Dennett 119
데이비드슨 Richard Davidson 35~37, 164
데일리 Gretchen Daily 129~130
도블해머 Gabrielle Doblhammer 176
도스토예프스키 Fyodor Dostoyevsky 163~164
도킨스 Richard Dawkins 119~120
듀딩크 Ad Dudink 175~176
듀보위츠 Howard Dubowitz 237
드 발 Frans de Waal 67
드 배커 Charlotte De Backer 324
드월 Nathan DeWall 200~202

라마찬드란 Vilayanur Ramachandran 164, 193~194
라이켄 David Lykken 231~232
러드먼 Laurie Rudman 304
레만 Patrick Leman 89~90
레빈슨 Boris Levinson 282
레빗 Steven Levitt 167
레이건 Ronald Reagan 56, 175
레이코프 George Lakoff 328~330
레이허 Stephen Reicher 160~162
레인 Adrian Raine 37~38
로슨 Ernest Thomas Lawson 319
로진 Paul Rozin 169~170
록펠러 John Rockefeller 111~113
루즈벨트 Theodore Roosevelt 43
르봉 Gustave Le Bon 278
리먼 Howard Lyman 307
리베이 Simon LeVay 267~269
리빙스턴 Margaret Livingstone 168
리조라티 Giacomo Rizzolatti 191~192
리체슨 Jenifer Richeson 303~304
리퍼 Campbell Leaper 189~190
릴리엔펠드 Scott Lilienfeld 225~226, 283

링Kenneth Ring 140~141

마리노Lori Marino 283
마오쩌둥/모택동毛沢東 262, 329
마이어스David Myers 232
마이어스Norman Myers 128
마키아벨리Niccolò Machiavelli 90
말리노프스키Bronisław Malinowski 197
매닝John Manning 22
매튜스Fiona Mathews 240~242
맥고James McGaugh 247~250
맥그래스John McGrath 176~177
맥나마라Patrick McNamara 320
맥앤드류Frank McAndrew 324
머레이-콜브Laura Murray-Kolb 208
메이어Christopher Meyer 151~152
멜Matthias Mehl 188~189
모차르트Wolfgang Amadeus Mozart 51, 53~54
모핏Terrie Moffitt 235~237
모헨Vera Morhenn 301
무니Richard Mooney 193~194
무디Raymond Moody 139~140
밀란코비치Milutin Milankovitch 32
밀러Geoffrey Miller 112~114, 215~216

바나지Mahzarin Banaji 303~305
바우마이스터Roy Baumeister 44~46, 323
바코우Jerome Barkow 323~324
반 롬멜Pim van Lommel 141
발렌슈타인Elliot Valenstein 76
배리Herbert Barry 76~77
밴듀라Albert Bandura 64
버그Joyce Berg 299~300
버핏Warren Buffett 111
벌Edward Vul 279~280
베링Jesse Bering 121

베버Gerhard Weber 176
베버Max Weber 159
베블런Thorstein Veblen 114
베이츠Timothy Bates 232
베일리Michael Bailey 268
베커Ernest Becker 199~200
베코프Marc Bekoff 91~94
베히Michael Behe 57~58
벨스키Jay Belsky 344
보다노비치Stephen Vodanovich 288~289
보리가드Mario Beauregard 165~166
보어Niels Bohr 54
보엠Christopher Boehm 323
본드락Isabel Wondrak 316~317
부스David Buss 99
부스로이드Lynda Boothroyd 344
부시George W. Bush 147, 158, 162, 269
브로스넌Sarah Brosnan 311
브리젠딘Louann Brizendine 188
블랑크Olaf Blanke 117~118
블랜차드Ray Blanchard 85, 269
빈라덴Osama bin Laden 173

사빅Ivanka Savic 269
샐리브Emad Salib 177~178
샤리프Azim Shariff 121, 320~321
서로위키James Surowiecki 278
선드버그Norman Sundberg 289
설로웨이Frank Sulloway 148~149
세이지먼Marc Sageman 172~173
셀리그먼Martin Seligman 233
솔로몬Sheldon Solomon 200
솜머Robert Sommer 168
쇼클리William Shockley 137~138
슈레겔Alice Schlegel 76~77
슈미트David Schmitt 343
스마일렉Daniel Smilek 289
스몰Gary Small 325~327

스미스Vernon Smith 152
스웨들John Swaddle 253
슬라베쿠른Hans Slabbekoorn 252
싱Devendra Singh 19~22
싱어Peter Singer 69

아낙사고라스Anaxagoras 240
아리스토텔레스Aristoteles 115, 155
아모디오David Amodio 157, 265
아이블-아이베스펠트Irenäus Eibl-Eibesfeldt 197
아인슈타인Albert Einstein 51, 53, 58, 148, 274
애자리Nina Azari 320
앨런Karen Allen 281
앨퍼드John Alford 264, 312~314
앵오디Giacomo Inaudi 248
야코보니Marco Iacoboni 193
양 지앙종Xiangzhong Yang 243~244
에르슨Henrik Ehrsson 117~118
에를리히Paul Ehrlich 128~129
에릭슨Anders Ericsson 52~54
에버하트Jennifer Eberhardt 213~214
에이트컨Alexander Aitken 248~249
에인즐Roger Angel 182
엡슈타인Robert Epstein 76~78
오바마Barack Obama 214, 305
오설리번Maureen O'Sullivan 216~218
오틀리Keith Oatley 297~298
올즈David Olds 238
와이즈먼Alan Weisman 79~82
와이즈먼Richard Wiseman 168~170
왓슨James Watson 135~138
웨르Thomas Wehr 42
웨스턴Drew Westen 157~158
윌슨David Sloan Wilson 121
이상李箱 288
이스트우드John Eastwood 290

임지순任志淳 104~105

자크Paul Zak 257, 300~301
자하비Amotz Zahavi 113~114
잭슨Meyer Jackson 258
제이언츠Robert Zajonc 150
조스트John Jost 263~264, 313
조지Rose George 339~341
존스Owen Jones 311
존스Steve Jones 70
존슨Jeffrey Johnson 64~66
짐바르도Philip Zimbardo 107~110

최진실 315
칙센트미하이Mihaly Csikszentmihalyi 234

카너먼Daniel Kahneman 152
카레이바Peter Kareiva 129~130
카먼Ira Carmen 266
카슨Rachel Carson 254
칸트Immanuel Kant 203
커닝햄William Cunningham 145~146, 303
케네디John F. Kennedy 87
케이건Herman Kagan 201
코페르니쿠스Nicolaus Copernicus 348~349
쾨니그스Michael Koenigs 205~206
퀴블러로스Elisabeth Kubler-Ross 140
크라프트-에빙Richard von Krafft-Ebing 83
크루거Alan Krueger 174
크리스태키스Nicholas Christakis 96~98, 345~347
크리스텐센Petter Kristensen 149~150
크릭Francis Crick 135, 137
클렉클리Hervey Cleckley 223~224
클린턴Bill Clinton 103~104

탈러/세일러 Richard Thaler 309
터너 John Turner 161
토도로프 Alexander Todorov 143, 146
톨스토이 Lev Tolstoy 27, 199, 202
트래머 Moritz Tramer 176
트렌버스 Kevin Trenberth 181
트버스키 Amos Tversky 152

파울러 James Fowler 96~98, 155~156, 264~265, 345~347
파인만 Richard Feynman 53
패슐러 Harold Pashler 279~280
퍼싱어 Michael Persinger 332
페다저 Ami Pedahzur 173
페르 Ernst Fehr 26
페르미 Enrico Fermi 54
페이겔 Mark Pagel 230
페일리 William Paley 57
펠프스 Elizabeth Phelps 213
포스트 Jerrold Post 173~174
폭스 Craig Fox 153~154
폴드랙 Russell Poldrack 153~154
폴링 Linus Pauling 137
퓨스너 Jamie Feusner 272
퓰러 Richard Fuller 251~252
프라이스 Harry Price 331
프라이스 Jill Price 247~250
프랭크 Robert Frank 167~168
프렌치 Christopher French 332~333
플라톤 Platon 23, 115
플로민 Robert Plomin 147
피들러 Fred Fiedler 160
피스 Allan Pease 187~188
피스크 Susan Fiske 108
피크 Kim Peek 249
필라드 Richard Pillard 268
필립스 Katharine Phillips 272
핑커 Steven Pinker 206, 296~297

하우저 Marc Hauser 121, 206
하이트 Jonathan Haidt 121~122, 233~234
하트 Allan Hart 212~213
해리스 Sam Harris 119
해머 Dean Hamer 268~269
해슬람 Alexander Haslam 160~162
해어 Robert Hare 224
해즐턴 Martie Haselton 100, 102
허슈펠드 Lawrence Hirschfeld 211~212
헤로도토스 Herodotus 291
헬레 Samuli Helle 239~240
홀란더 Eric Hollander 258
홈즈 Michael Holmes 176
화이팅 Beatrice Whiting 77
후세인 Saddam Hussein 45
휘튼 Andrew Whiten 68
흄 David Hume 203
히벨른 Joseph Hibbeln 209~210
히친스 Christopher Hitchens 119~120
히틀러 Adolf Hitler 45, 137, 145, 159
힐 Wendy Hill 197~198

찾아보기-용어

강박신경증$_{OCD}$ 123~126
거울뉴런 191~194
경제적 인간(호모 에코노미쿠스) 23, 154, 311
공포 관리 이론$_{TMT}$ 200
과시적 소비 114
권태 성향 척도$_{BPS}$ 289~290
글로비시 229
긍정심리학 231~234

나노기술 103~106
낮은 자존심 이론 43~45
네트워크과학 48
눈 덩어리 지구 31~32

대중의 지혜 277~280
도파민 92~93, 153, 320
독재자 게임 320~321
동물 매개 치료$_{AAT}$ 281~283
디옥시리보핵산$_{DNA}$ 72~73, 135, 194
디지털 원주민 325~327
디지털 이주자 325~327

만물의 인터넷$_{IoT}$ 336~337
멜라토닌 40~42
무신론 119~122
무인 지상 차량$_{AGV}$ 131~134

보상체계 153~154, 220
보유 효과 309~311
복제동물 식품 243~246
본성 대 양육 71~72

분산 서비스 거부$_{DDoS}$ 62

사이버 전쟁 59~62
사이코패스 37~38, 223~226
사회적 성 342~344
사회적 연결망(네트워크) 48, 97~98, 346~347
사회적 정체성 161~162
상호 이타주의 24, 112
생물다양성 127~130, 260~262
생체시계$_{SCN}$ 39~40
생태계 서비스 128~130
성선택 112~114
세로토닌 38, 125~126, 208~209, 264
소아기호증 83~86
손실 혐오 151~154
스토킹 315~318
시험관 고기 306~307
신경신학 163~166
신뢰 게임 299~301
신체 기형 장애$_{BDD}$ 270~272
심령현상 116~117
심리적 면역반응 201~202
10대 뇌 75~78
쌍둥이 연구 155~156, 231~232, 264~268, 312~313

암묵적 편견 211~214, 302~305
역학$_{epidemiology}$ 178
오메가3지방산 209, 286~287
오션$_{OCEAN}$ 219~222
옥시토신 101, 198, 255~258, 300~301
우생학 43, 45, 135~138, 277
위어더노믹스 168
위협받는 자부심 이론 45~46

유인원 계획$_{GAP}$ 68~70
유체 이탈 경험$_{OBE}$ 115~118, 140
음모 이론 87~90
이디오 사방$_{idiot\ savant}$ 249
인지종교학 319~321
인체 네트워크$_{HAN}$ 183~186
임사 체험$_{NDE}$ 139~142

자연선택 30, 57, 112~113, 349
작은 세계 47~48
장애 이론 113~114
전뇌 가설 36~38
전두대상피질$_{ACC}$ 157~158, 265
지구공학 179~182
지구온난화 31~34, 179~182, 260, 306~308, 335
지능지수 53, 136~138, 149~150, 210
지적설계 56~58
진화론 55~58, 148, 349~350
집단심리 108~110, 161, 173~174
짝짓기 92~93, 99~102, 112~114, 215~218, 253

창조과학 57~58
창조론 55~58, 350
체질량지수$_{BMI}$ 95
초기억 247~250
최종 제안 게임 24~26

쿼콜로지 168~170

트롤리 문제 203~206
티핑 포인트 96~97

편도체 36~38, 144~146, 213, 303
프로스펙트 이론 152, 154

허리/엉덩이 비율$_{WHR}$ 19~22
헌팅$_{haunting}$ 331~333
현상 파괴적 기술 334~337
확증편향 157~158
환자 제로 49

찾아보기-문헌

『개성』(대니얼 네틀) 220~222
『경제적 박물학자』(로버트 프랭크) 167~168
『괴짜 경제학』(스티븐 레빗) 167
『국가』(플라톤) 23
『군주론』(니콜로 마키아벨리) 90
『깨어진 거울』(캐서린 필립스) 272

『뇌 탓하기』(엘리엇 발렌슈타인) 76

『대중의 지혜』(제임스 서로위키) 278
『도덕의 정치』(조지 레이코프) 328~329
『도덕적 마음』(마크 하우저) 121, 206
『돌고래의 미소』(마크 베코프) 91~92
『동물 해방론』(피터 싱어) 69
『두뇌 속의 유령』(빌라야누르 라마찬드란) 164
『디지털 시대의 뇌』(게리 스몰) 325~327

『루시퍼 효과』(필립 짐바르도) 110
『리더십의 새로운 심리학』(스티븐 레이허·알렉산더 해슬람) 160~162

『만들어진 신』(리처드 도킨스) 119~120
『망각할 수 없는 여인』(질 프라이스) 247
『몰입의 발견』(미하이 칙센트미하이) 234
「미국 사회의 스토킹」(미국 국립사법연구원) 315~316

『사랑과 미움』(이레노이스 아이블-아이베스펠트) 197

『삶 이후의 삶』(레이먼드 무디) 139~140
『성난 카우보이』(하워드 리먼) 307
「손실 혐오와 판매자의 행동」(크리스토퍼 메이어) 151~152
『숲 속의 계급제도』(크리스토퍼 보엠) 323
『신앙의 종말』(샘 해리스) 119
『신은 왜 우리 곁을 떠나지 않는가』(앤드루 뉴버그) 164
『신은 위대하지 않다』(크리스토퍼 히친스) 119~120
『심리적 면역계』(허먼 케이건) 201

「여론」(프랜시스 골턴) 277~278
『여성의 뇌』(루앤 브리젠딘) 188
『영적인 뇌』(마리오 보리가드) 166
『왜 남자는 듣지 않으며 여자는 지도를 읽을 수 없을까』(앨런 피스) 187~188
『욕망의 진화』(데이비드 부스) 99
『우리가 없는 세계』(앨런 와이즈먼) 79~82
『이반 일리치의 죽음』(레프 톨스토이) 199, 202
「2025년 세계적 추세」(미국 국가정보위원회) 334

『자살 테러』(아미 페다저) 173
『전문 지식과 전문가 수행에 관한 케임브리지 편람』(앤더스 에릭슨) 52~54
『정치적 뇌』(드루 웨스턴) 157~158
『정치적 마음』(조지 레이코프) 330
『종의 기원』(찰스 다윈) 57, 349~350
『종형곡선』(리처드 헌스타인·찰스 머리) 138
『주문 깨기』(대니얼 데닛) 119
『죽음의 부인』(어네스트 베커) 199~200
『중요한 필수품』(로즈 조지) 339~341
『지루한 사람을 피하라』(제임스 왓슨) 135~136

『진정한 행복』(마틴 셀리그먼) 233
『짝짓기 지능』(글렌 게어·제프리 밀러) 215~218
『짝짓기 하는 마음』(제프리 밀러) 112~113

『천지창조 도감』(하룬 야히아) 58
『청년기』(앨리스 슈레겔·허버트 배리) 76~77
『침묵의 봄』(레이첼 카슨) 254
『침팬지 정치학』(프란스 드 발) 67

『코끼리는 생각하지 마』(조지 레이코프) 329
『퀴콜로지』(리처드 와이즈먼) 168~170

『타고난 모반자』(프랭크 설로웨이) 148~149
『테러 네트워크의 이해』(마크 세이지먼) 173
『테러리스트를 만드는 것』(앨런 크루거) 174
『테러리스트의 마음』(제럴드 포스트) 173~174
『티핑 포인트』(말콤 글래드웰) 96~97

「프로스펙트 이론」(대니얼 카너먼·아모스 트버스키) 152

『하이테크 하이터치』(존 나이스비트) 325
「한 가족 내의 아이들이 왜 그렇게 다른가?」(로버트 플로민) 147
『행복 가설』(조너선 하이트) 233~234
『행복에 걸려 비틀거리다』(대니얼 길버트) 201, 234
「현상 파괴적 민간 기술」(미국 국가정보위원회) 334~337
『화성에서 온 남자, 금성에서 온 여자』(존 그레이) 187